速効メソッド

ITエンジニアのための
ビジネス文書作成術

髙橋慈子／藤原琢也 著

JN021774

インプレス

購入者限定特典!!

本書の特典は下記サイトにアクセスすることでご利用いただけます。

https://book.impress.co.jp/books/1120101035

**特典 第4・5章に掲載のテンプレートを無料ダウンロード!!
（Officeファイル、PDFファイル）**

第4・5章に掲載のテンプレートを無料でダウンロードいただけます。形式はOffice（Word、Excel、PowerPointのいずれか）ファイルおよびPDFファイルです。ご利用環境によっては、Officeファイルにおいて文字化けやレイアウト崩れが生じます。その場合は、PDFファイルを、文書の作成や整形の際の見本としてお役立てください。

なお、メール文のテンプレートはテキストファイルでの提供となっております。

※特典のご利用には，無料の読者会員システム「CLUB Impress」への登録が必要となります。

※本特典のご利用は，書籍をご購入いただいた方に限ります。

※特典の提供予定期間は、本書発売より5年間です。

インプレスの書籍ホームページ

書籍の新刊や正誤表など最新情報を随時更新しております。

https://book.impress.co.jp/

はじめに

　テレワークを含む新しい働き方やジョブ型雇用の導入など、仕事のやり方が大きく変化しています。また、新型コロナウイルス感染の世界的な拡大により、出張や会議の方法、オフィスのあり方も見直されています。2021年9月にはデジタル庁の創設が予定されており、行政でも電子化を進め、デジタルトランスフォーメーション（DX）を加速する動きがあります。

　本書は、こうした変化の中にあるITエンジニアのために「文書作成術」に焦点を当てて、すぐに役立つ文書の改善のポイントとテンプレートを提供するものです。

　著者の髙橋慈子と藤原琢也は、それぞれテクニカルコミュニケーション会社、コンピューターメーカーと所属は異なりますが、技術文書の作成・運用や情報が簡潔に伝わるテクニカルライティング技術の指導や普及に携わってきました。本書には、その経験やノウハウを盛り込み、分担して執筆しました。

　第1章、第2章では、髙橋が、わかりやすく簡潔に情報を伝えるためのライティング技術の基本的なセオリーと、わかりにくさを解消する改善のポイントを豊富な例文をもとに解説しています。

　第3章では、藤原が、伝わる文書の基本フォーマットとオフィスで定番となっているソフトウェアの活用のコツを紹介しています。

　第4章では、ビジネスコミュニケーションの中で必要とされる文書のうち、議事録や週報といった、ITエンジニアも日常的に作成することが多いもののテンプレートを髙橋が紹介し、書き方のポイントを解説しています。

　第5章では、ユーザー向け手順書、要件定義書、機能仕様書など、

ITエンジニアの業務により特化した文書のテンプレートを藤原が紹介し、まとめ方のコツや留意点などを解説しています。

　これらのテンプレートファイルは、すべてダウンロードできます。アレンジして業務に活用してください。

　巻末の付録では、ビジネス文書を作成するときに役立つ表現に関してまとめています。接続語の使い方や、敬語などの敬意表現を使ううえで注意すべきこと、混同しやすい言葉など、迷ったときの参考にしてください。

　わかりやすい文書の作成・運用は、個人にとって価値あるコミュニケーションスキルであるだけでなく、組織の生産性や新たな価値創出にもつながります。スキルを高め、パワーアップするために、本書をどうぞお役立てください。

2021年6月

髙橋 慈子・藤原 琢也

　本書では、ITエンジニアに向けて、わかりやすいビジネス文書を作成するために押さえておきたいルールやテクニックを、例文を示して解説しています。

　例文については、適宜、良くない例（Not good）と良い例（Good）を示し、ポイントをフキダシで説明しているので、比較しながら理解できます。

　第1・2章は、伝わりやすい文書作成のテクニックを基本から紹介しています。ここでは、まず例文を見て、その問題点や改善点を考えながら解説を読むことで、文書作成上の具体的なルールやテクニックへの理解が深まる構成にしています。

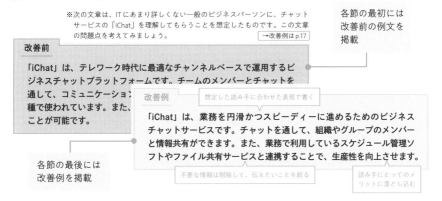

　第3章は文書の基本的な構成や、Wordに次いで使用機会が多いと見られるExcelとPowerPointの活用のコツを紹介しています。第4・5章では、あわせて13のテンプレートを各節に掲載し、これらのテンプレートをもとに書き方のポイントを解説しています。

　さらに、本文の補足解説として「プラスアルファ」、文書作成の時短術として「時短テクニック」といったコーナーも設けています。

CONTENTS

CHAPTER

1 きほんの「き」としての ライティング7つの掟

2 「伝わりにくさ」を解消する 9つのテクニック

CHAPTER 5

業務に特化した ビジネス文書テンプレート と書き方の肝

1

きほんの「き」としての ライティング 7つの掟

この章では、わかりやすい文章・文書を作成するための
基本となる7つの掟（ルール）を解説します。
なお、本書では、文字で情報を書き記したものを「文」
または「文章」、文または文章に対してレイアウトを
整えたり、図表やグラフなどの要素を加えたりして構成
されるひとまとまりの情報を「文書」と定義しています。

1 ITエンジニアの文書は どうして「伝わらない」のか

多くのITエンジニアから「文書を作成するのが苦手」「わかりにくいと上司に言われる」と悩んでいる声を、たびたび耳にします。ITエンジニアの文書の特徴と、なぜ「伝わらない」のかを考えてみましょう。

> 1-1-1 正確なだけではダメ

筆者は企業の文書作成に関するコンサルティングやライティング研修を行い、ITエンジニアの文書を多く目にした経験から、「**正確に書いているだけでは伝わらない**」ことをたびたび実感してきました。

ITエンジニアが作成するわかりにくい文書には、次のような特徴があります。

・内容は間違っておらず、使っている用語にも気を配っているのだが、情報量が多すぎて、要点がつかみにくい…
・技術的な説明なしに機能について書いているために、前提となる知識をもっていない人には理解できない…

本人は正しく書いているつもりですから、わかりにくいと言われて、とまどっていることでしょう。

> 1-1-2 わかりにくい文書の問題点

ITエンジニアの作成する文書を分析してみると、主に次のような問題点があるため、わかりにくくなっています。

・**情報量が多く、読み手の負担になっている**
・**読み手視点になっていない**
・**構成が読み手や目的に合っていない**

　正確に書くことを優先した結果、情報量が多くなると、読み手には負担になります。また、読み手視点でなく、書き手視点で書いてしまうと、読み手にとっての余計な情報が入って焦点がぼけるなどし、「伝わらない」文章になる傾向があります。

> **1-1-3　ビジネス文書は読み手の行動を促す目的で作る**

　多くのITエンジニアにライティング技術が身に付いていない理由は、これまで、体系立てて情報を伝えるための文書の作成方法を、学ぶ機会がなかったからです。小学校や中学校の国語では、物語文を中心に学ぶため、簡潔に情報を伝える書き方を学ぶ機会は多くありません。また、ビジネス文書の書き方は、高校や大学、学会や研究会でのレポートや論文の書き方とも異なります。問いや課題を見つけ出し、それに対する調査や分析から自分なりの考察をまとめるのが、レポートや論文です。

　一方、**ビジネス文書は、書き手が望むように読み手に次の行動を促すことが目的です。**

　この**違いを意識しながら、スピーディーにわかりやすい文書を作成する技術を身に付けていきましょう。**そのために必要な基本の7つの掟をこの章で、具体的な文章表現のテクニックを第2章で解説します。

●**文書の目的**

自分の理解や成果を伝える	読み手に次の行動を促す
高校や大学、 研究会での レポートや論文	報告書や回答 メール、ユーザー 向けマニュアル などの ビジネス文書

2 ［掟①］
読み手と目的を特定する

わかりやすい文書を作成するための「掟」の第1番目は、「読み手と目的を特定して、それぞれに合った内容、表現にすること」です。書き手視点の文書は、読み手には理解されにくく、伝わらないリスクがあります。

※次の文章は、IT にあまり詳しくない一般のビジネスパーソンに、チャットサービスの「iChat」を理解してもらうことを想定したものです。この文章の問題点を考えてみましょう。　→改善例は p.17

改善前

「iChat」は、テレワーク時代に最適なチャンネルベースで運用するビジネスチャットプラットフォームです。チームのメンバーとチャットを通して、コミュニケーションのハブとして運用でき、北米では多様な業種で使われています。また、ほかのソフトウェアやサービスと連携することが可能です。

> **1-2-1 読み手を想定すると、「わかりにくさ」が見える**

改善前の文章は、読み手であるIT にあまり詳しくない一般のビジネスパーソンにとって、わかりやすいといえるでしょうか。

次のような点が、気になりませんか？

・読み手が理解しにくい用語が使われている
　　チャンネルベース、ビジネスチャットプラットフォーム
・意味が理解しにくい表現がある
　　コミュニケーションのハブとして運用
・具体的に何をどうして、何ができるのか理解しにくい
　　ほかのソフトウェアやサービスと連携することが可能

ITエンジニアにとっては、自社のサービスについて十分理解していて、当たり前に使っている用語も、このサービスを初めて知った読み手にとっては意味がわかりません。

> **1-2-2 読み手の属性を想定する**

ビジネス文書では、想定している読み手がいるはずです。たとえば、「iChat」を導入する企業の場合には、まだ、チャットツールを使ったことがない人が読み手として想定されるでしょう。

しかし、読み手の想定は、「ITにあまり詳しくない人」とするのみで終わらせず、次のように、**具体的な属性を洗い出して想定することが大切です。**

●**読み手の想定**
・業務部門に所属
・管理職と中堅社員
・ITにはあまり詳しくない

読み手の像がぼんやり浮かんできた

> **1-2-3 読み手の知識レベルを想定する**

読み手の属性の想定が済んだら、読み手のITに関する知識レベルも想定しましょう。たとえば、チャットツールは、技術系の社員や若手社員ならば使った経験があり、機能や使い方をわかっている人が多いかもしれません。一方、業務系の仕事をしている管理職や中堅社員は、LINEのような一般的なチャットは使ったことがあっても、ビジネスチャットサービスやクラウドのサービスを利用したことのある人は少ないことが考えられます。

また、ITにあまり詳しくないために、「プラットフォーム」や「ハブ」といった言葉や概念が理解できないかもしれません。こうして、**より具体的に読み手を想定していきます。**

●**読み手の知識レベルを想定**
・クラウドサービスやネットのサービスは
　よくわからない
・業務系のソフトは知っている
・チャットはLINEしか使ったことがない
・ネットワークの用語がわからない

読み手の像がはっきりしてきた

　読み手に対し、文書を読んだあとに何をしてもらいたいのか、**目的を明確にすることも大切です。あれもこれもと盛り込みすぎた文章は、読み手を迷わせることになるからです。**

　本節の冒頭で示した改善前の文章のような、何かを説明する文章の目的は、「新しいサービスや機能を理解してもらい、使ってみようと思ってもらうこと」です。「サービス提供の背景についても説明しておこう」「この機能のことも書いておこう」と盛り込みすぎると、読み手は何のための文章なのか理解できず、迷ってしまうことになります。

●文書のゴールを想定

・新しいサービスや機能を理解し、使ってみようと思ってもらうこと

　「伝えたいことが多い場合、情報をどのように絞り込んだらよいのかわからない」といった質問を受けることがあります。情報を取捨選択するための基準は、読み手と目的（ゴール）に合っているかどうかで判断します。

　たとえば、改善前の文章にある「北米では」から始まる部分は、この新しいサービスが何かを知りたいと思っている、業務部門の人々には重要ではない情報といえるので削除しましょう。**目的に合った情報に絞ることで、伝えたいことが明確になります。**

 Not good

チームのメンバーとチャットを通して、コミュニケーションのハブとして運用でき、北米では多様な業種で使われています。

重要ではない情報は削除

＋ プラスアルファ

読み手をさらに詳しく分析するには「ペルソナ手法」を活用する

ユーザー像を具体化し、チームで共有するために、UX(ユーザー体験)デザインと呼ばれるサービス開発では、「ペルソナ手法」を活用している。

ペルソナ手法：典型的なユーザー像をチームでディスカッションして作り出す手法。氏名、職業、年齢、特徴や課題、ニーズなどを書き出して、イラストや写真を使い、人物像をイメージできるようにする。作り出したペルソナは、サービス開発、プロトタイピング、評価のプロセスなどの各々の場面に当てはめて活用する。「このユーザーならば、どのような言葉で機能を説明したら、理解・共感してもらえるだろうか」と考える指針となる。サービスやシステムの説明書やWebサイトで提供される商品や使い方の説明、Q&Aの文章を書くときにも、ペルソナ手法は有効だ。

●ペルソナ手法で作成したペルソナの例「iChatユーザー像の場合」

齋藤敏夫　41歳　男性
中堅メーカー　総務部総務課勤務

・まじめな性格で、仕事で使うソフトやシステムは理解しようと勉強するタイプ
・最近のクラウドサービスやチャットシステムには、やや苦手意識がある
・会社で導入することになったチャットシステムは理解したいと考えている

改善例　想定した読み手に合わせた表現で書く

「iChat」は、業務を円滑かつスピーディーに進めるためのビジネスチャットサービスです。チャットを通して、組織やグループのメンバーと情報共有ができます。また、業務で利用しているスケジュール管理ソフトやファイル共有サービスと連携することで、生産性を向上させます。

不要な情報は削除して、伝えたいことを絞る

読み手にとってのメリットに落とし込む

3 ［掟②］構成を組み立ててから書き始める

文書を作成することになったとき、すぐに画面に向かって書き始めていませんか？　書き始める前に、構成を組み立てることが大切です。第2の掟は、「ロジカルな構成を組み立ててから書き始めること」です。

※次の文章は、ITにあまり詳しくない一般のビジネスパーソンに向けて、メールとビジネスチャットサービスの違いを理解してもらい、後者の利用を促す目的で書かれたものです。この文章の問題点を考えてみましょう。

→改善例はp.22

改善前

メールはビジネスチャットサービスほど手軽ではなく、効率的な情報共有ツールとはいえません。メールは本文以外に送付先メールアドレスや件名、署名の入力を必要としますが、ビジネスチャットサービスでは送りたいときに本文をすぐに投稿できますし、誰が投稿したのかはアイコンで表示されます。ファイルを添付できる点は同じです。また、チャットではチャンネルというテーマごとの領域を設定できますが、メールでは1通ごとに件名でテーマを示す必要があります。

> **1-3-1　構成の問題点を考えてみる**

　改善前の文章の問題点を考えてみましょう。この文章の構成は下のようになっていますが、これは、「メールとビジネスチャットサービスの違いを理解してもらい、後者の利用を促す」という目的に合っているといえるでしょうか。

メールはビジネスチャットサービスほど手軽ではなく、効率的な情報共有ツールとはいえません。メールは本文以外に送付先メールアドレスや件名、署名の入力を必要としますが、ビジネスチャットサービスでは送りたいときに本文をすぐに投稿できますし、誰が投稿したのかはアイコンで表示されます。ファイルを添付できる点は同じです。また、チャットではチャンネルというテーマごとの領域を設定できますが、メールでは1通ごとに件名でテーマを示す必要があります。

■メールについて　■チャットについて　□両者の共通点について

改善前の文章は焦点をあてている対象がメールなのかビジネスチャットサービスなのか、定まっていません。また、「ビジネスチャットサービスの利用を促す」という目的のわりに、メールについての記述が多くなっています。これらのことにより、メールとビジネスチャットサービスの違いが伝わりにくくなっているばかりか、メールの短所を指摘する主旨の文章であるようにも読めてしまい、十分に目的に合っているとはいえません。

> 1-3-2 書く前の準備を丁寧に行うことが近道

伝えたいことを明確に伝えるためには、文章を**いきなり書き始めるのではなく、下の図のようなプロセスで進めていくことが大切です。**

まずは文章を書く前の準備として、必要な情報や、関係者からの正確な最新情報をひととおり集めておきましょう。そのうえで、それらの情報を取捨選択して、構成を組み立てます。次に組み立てた構成に従って文章を書きます。書き上げたら、見直します。

> **文書作成のプロセス**

> 1-3-3 ロジックツリーで全体像を描く

文章の構成を組み立てる方法は、いくつかあります。「アウトライン」と呼ぶ見出しの集まりを書き出すのも、そのひとつです。アウトラインを作るには、まず**ロジックツリーと呼ばれる方法で、全体像を描くことから始めます。**

ロジックツリーとは、「ロジカルシンキング」と呼ばれる論理的な思考方法で使われる、アイデアを可視化するための手法です。ロジカルシンキングは、コンサルティング会社から広がった問題解決や提案のための情報整理と思考方法です。このロジカルシンキングをライティングに活用するときに有効なツールのひとつが、ロジックツリーです。

ロジックツリーの作り方に特別な決まりはありませんが、ITエンジニア

の文書作成に活用するときは、トップの第1階層から作成することをおすすめします。第1階層には「主題」が入ります。文書で最も伝えたい主旨や目的を設定します。

第2階層には、主旨を支えるポイントを置きます。第1階層の主旨で、最も伝えたいことを述べたら、第2階層では「なぜならば〜」と続く理由づけなどをしていきます。第3階層には、第2階層のポイントを裏付ける情報を並べます。具体的な情報を整理して書き入れましょう。

ロジックツリーを使ってこのように情報を整理することで、全体像がわかり、ダブリや漏れのないアウトラインを組み立てることができます。

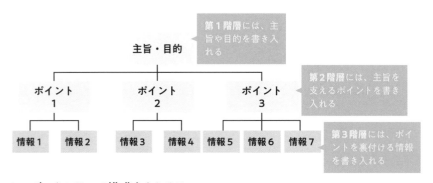

> **ロジックツリーで構成をまとめる**

> ### 1-3-4　ロジックツリーを使い、読み手視点でポイントを設定

ロジックツリーの第2階層にどのようなポイントを置くかは、まさに書き手が知恵を絞る部分です。

p.21の図は、ビジネス文書のロジックツリーの例です。

この例では、第1階層で述べる主旨として、「対象である○○について理解してもらい、使ってもらうこと」を設定しています。

第2階層は3つのポイントで構成しています。1つ目のポイントで対象を簡潔に定義して全体像を伝え、2つ目のポイントで定義を受けて少し詳しい説明をする、という展開です。1つ目のポイントで全体像を述べた後なので、理解しやすくなります。さらに、3つ目のポイントとして対象を使ってもら

うことのメリットを述べます。この第2階層のポイントの置き方は、文書の目的によって変わります。ここでは、対象を単に理解してもらうだけでなく、「使ってもらう」ための動機づけにつなげたいので、3つ目のポイントでメリットを伝えているのです。このロジックは、**読み手が持つ「それは何？ どのようなもの？　メリットは何？」といった疑問に答える形式**に組み立てられています。

　第2階層でポイントを抜き出すときに、想定した読み手や目的を忘れて、機能や技術の素晴らしさを書き連ねるような、「書き手視点」にならないように注意しましょう。

　なお、ロジックツリーの第1階層と第2階層は情報整理のためのもので、そのまま書くとは限りません。第3階層で整理した情報を使って、文章としてまとめていきます。

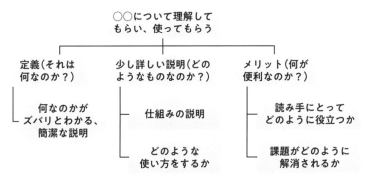

> **ビジネス文書のロジックツリーの例**

　p.22の図は、p.18の文章をわかりやすく改善するために、ロジックツリーを作って整理したものです。文章の読み手には、ITにあまり詳しくない業務部門の人を想定しています。これまで使っていたメールとビジネスチャットサービスの違いを理解してもらい、チャットサービスの利用を促す目的で情報を整理し、組み立てています。

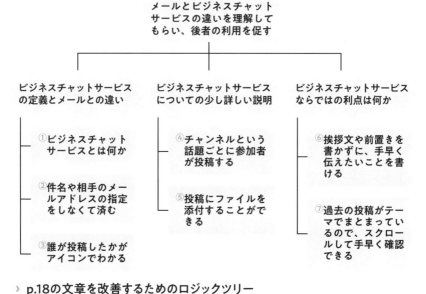

> p.18の文章を改善するためのロジックツリー

　第2階層のポイントと第3階層の情報として何を入れるかを、読み手や目的に合わせて考えることが重要です。

　上のロジックツリーをもとに改善した文章の例は下の通りです。文中の小さな丸数字は、ロジックツリーの第3階層との対応関係を表しています。

　メールとビジネスチャットサービスの違いに触れつつも、改善前と異なり焦点が終始後者にあたっていて、その定義や長所が整理の上で説明されています。読み手をビジネスチャットサービスの利用へと促す文章です。

改善例

①ビジネスチャットサービスは、手軽に使え、効率的に情報共有できるコミュニケーションツールです。②メールのように件名や相手のメールアドレスの指定をしなくても、すぐに投稿できます。③アイコンによって、誰が投稿したのか一目でわかります。④投稿はチャンネルとよぶテーマごとにまとめられ、⑤ファイル添付もできます。⑥挨拶文などを書かずに投稿でき、スピーディーにやり取りできます。⑦テーマごとに整理されているので、流れがすぐに把握でき、情報共有しやすいのもメリットです。

4 ［掟③］必須の要素を適切に書く

文書には情報を記録する役割があります。記録した情報を活用できるように、「いつ、誰に、誰が、何のために」書いた文書なのかを明記しておきます。第3の掟は、これらの必須の要素を適切に書くことです。

※次は、販売代理店に新サービスを知らせる文書の冒頭部分です。この部分の問題点を考えてみましょう。　　　　　　　　　　→改善例はp.26

改善前

2021/08/31

販売代理店の皆様

(株)○○○○
代表取締役　△△△△

「BizWorks Remote」について

> **1-4-1　何のための文書なのかを読み取れるか確認する**

　冒頭に記載する要素は、文書に関する情報を伝えるために書きます。次の内容を、過不足なく、適切に書くことが求められます。

・**発信日：いつ？**
・**あて先：誰に？**
・**発信者：誰が？**
・**表題　：何のために？　目的は？**

　ただし、日報や週報のように上司があて先だと決まっている文書では、あて先の項目が省略されることがあります。
　さて、改善前の例にこれらは確かに記載されていますが、適切に書かれているでしょうか。次項以降で見ていきましょう。

　ビジネス文書では、**1行目に右揃えで「発信日」を書きます**。文書の「作成日」ではないことに注意しましょう。

　ITエンジニアが作成した文書では、日付が、改善前の「2021/08/31」のようにスラッシュを使って書かれていることがあります。ビジネス文書では、一般的な表現である「年月日」の形式で書きましょう。「年」は忘れがちなので注意してください。

　また、「年」の表記については、和暦と西暦の使い分けにも注意が必要です。行政や教育関係では、和暦を使うこともあります。提出先の慣例に合わせてどちらかに決めましょう。

　冒頭部の必須要素の2つ目は、誰に対して書いた文書なのかを示す「あて先」です。**正しい敬称を付けて左揃えで書きましょう**。敬称は、下表のように使い分けます。

　話し言葉では、「株式会社○○○様は…」などと言いますが、文書に記載するあて先では、組織に対する敬称には「御中」を使います。複数の人あてには「各位」を使います。全社員に対しては「社員各位」、関係者に対しては「関係者各位」となります。

●あて先の敬称のルール

企業や組織	御中
個人	様
複数の人	各位

　また、「株式会社」を「(株)」と省略して書くことがありますが、あて先で省略するのは失礼です。省略せずに書きましょう。「株式会社○○○」なのか、「○○○株式会社」なのか、正式社名を確認しましょう。

2

3

4

5

> **1-4-4 「発信者」を明らかにする**

「発信者」は、誰が発信した文書なのか、責任の所在を示す情報です。 したがって、新サービスや新機能の案内ならば、代表者や部門長を発信者にして右揃えで書きます。自社名表示においても、「(株)」と省略するのは避けましょう。

➕ プラスアルファ

社内文書の場合はあて先と発信者に社名は入れない
社内文書の場合は、あて先にも発信者名にも社名は不要。部署名から記載する。氏名はフルネームで書くのがよい。

 時短テクニック

要素を適切に配置したテンプレートがあれば、積極的に使う
必須の要素は書く順番と位置が決まっている。たとえば、あて先は発信者よりも上の行に書き、左揃えにする。この配置には意味がある。人が文書を見るとき、まず視線がいくのが左上だといわれている。一番目立つよい場所、つまり上座に、あて先を配置する。発信者である自分または自分たちの組織名は、その1行下に右揃えで入れるのだ。これらは、礼儀に即したものであると同時に、誰あてなのかを一目で確認できるようにし、文書の運用を確実にするためのルールでもある。ビジネス文書におけるこのような要素とその配置に関するルールからの逸脱を防ぐために、あると便利なのがテンプレートだ。社外用、社内用に分けてサーバーに用意されていれば、あて先と発信者を取り違えるミスの防止に、より効果的だろう。

　文章の目的を示す「表題」は、何のための文書なのかが一目でわかるように、具体的なキーワードを盛り込んで書きましょう。

　また、読み手が文書を読むかどうかを判断する材料となるので、中央揃えにし、フォントサイズを大きくする、囲みをつけるなどして目立つようにします。

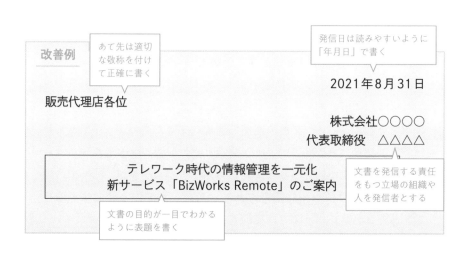

5 ［掟④］
重要な内容を先に伝える

第4の掟は「重要な内容を先に伝えること」です。スピードが重視される現代では、起承転結型の組み立てではなく、重要なことから伝え、枝葉を付けて説明していく書き方が求められます。

※次の文章は、新サービスを顧客である企業に向けて案内する文書の一部です。この文章の問題点を考えてみましょう。→改善例はp.30

改善前

昨今、テレワーク需要が拡大し「働き方の変化」が求められています。情報アクセスを安全に、快適にし、情報一元管理を実現したいとのニーズが高まっています。そこで、このたび弊社は、これまでの情報一元管理システム「BizWorks」製品に新サービス「BizWorks Remote」（ビズワークス・リモート）を加え、リリースいたしました。

> ## 1-5-1 重要な部分はどこかを考えてみる

改善前の文章を読み、最も重要な部分に線を引いてみましょう。

最後の1文に線を引けましたか？ 情報を素早く伝えるための文章は、次ページ上の図のように背景から書くのではなく、その下の図のように**重要な内容を最初に書いてから、詳しい説明を展開していきます**。

私たちが小さな頃から読み親しんできた物語の文章は、次ページ下の「桃太郎」のお話のように起承転結の構成になっていることが多いものです。最後まで読まないと、結末・結論がわかりません。しかし、そのような構成は、効率的に情報を伝えるものであるべきビジネス文書には適していません。

背景説明
テレワークが増える現在のビジネスの状況説明

主旨
だからBizWorks Remoteをリリースした

重要なのはここ

> 改善前の文章の組み立て

主旨
BizWorks Remoteをリリースした

先に主旨を述べる

理由
なぜならば、テレワークが増える現在の
ビジネスにツール活用が必須だから

その理由を展開する

> 文章を組み換えて改善した例

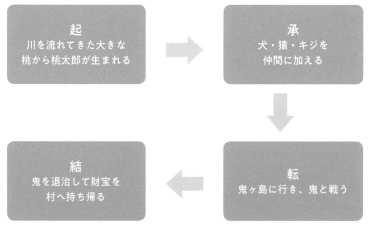

> 「桃太郎」に見られる起承転結型の文章の組み立て

> ### 1-5-2 段落と文の組み立て

　本章第3節で、ロジックツリーを使って構成を組み立てる方法を説明しました。書き始める前にロジックツリーを使って情報を整理しましょう。

　文章は、内容のまとまりごとの複数の段落から構成されます。**1つの段落は、1〜5つくらいの文で構成されます**。複数の文で段落を構成するときは、**1文目に重要な内容を書き、2文目以降に、理由や詳しい内容を書きます**。

段落（複数の文で構成されている、1つのテーマをもつかたまり）

段落

︙

文章

> **段落と文章の関係**

＋ プラスアルファ

「重要なことから先に」はグローバルスタンダード

英語で説明文を組み立てるときは、最初に重要なことを述べ、そのあとに理由や背景などを続けるのが一般的である。最後に、重要なことを述べると、英語圏の人々には「何を言いたいのかわからない」「回りくどい」という印象を与えてしまう。本節で説明しているビジネス文書の適切な構成は、ビジネスのグローバル化が進み、伝達効率のよい説明が求められる現在のビジネスのあり方に合致しているといえるだろう。

日本語の文を書くときに重要なことから述べていれば、機械翻訳のツールを使ったときに、わかりやすい英文になりやすいのもメリットだ。

　重要なことから述べ、そのあとに説明を展開していく組み立ては、提示された「重要なこと」に対して「その背景は？」「その理由は？」などと自然な疑問を発生させる読み手の思考とシンクロします。それゆえ、そのような組み立ての文章においては、文と文の関係がわかりやすくなり、結果として接続語があまり必要ではなくなります。そして、新たな情報を付け加えたり、異なる例を示したりするときなど、**注目させたいときにだけ接続語を使う**ことで、文章全体がすっきりします。

　改善前の文章では、あとから重要なことを述べるために、「そこで」と因果関係を示す接続語を使ってつなげていました。

 Not good

　昨今、テレワーク需要が拡大し「働き方の変化」が求められています。情報アクセスを安全に、快適にし、情報一元管理を実現したいとのニーズが高まっています。そこで、このたび弊社は、これまでの情報一元管理システム…

> 文と文のつながりがよくないので接続語が必要

　改善例では、接続語を使わなくても文と文のつながりが理解できることを確認しましょう。

改善例

> 最初に最も伝えたいことを述べている

　このたび弊社は、これまでの情報一元管理システム「BizWorks」製品に新サービス「BizWorks Remote」（ビズワークス・リモート）を加え、リリースいたしました。
　「BizWorks Remote」は、テレワーク需要が拡大し「働き方の変化」が求められる中で、あらゆる場所からの情報アクセスを安全に、快適にする情報一元管理サービスです。

> 2文目で具体的に説明している

SECTION

6 ［掟⑤］5W2Hで情報を書き出し、ロジックツリーで整理する

第5の掟は「5W2Hで情報を書き出す」ことです。説明に説得力をもたせるには、読み手が知りたいはずの情報を文章に確実に入れ込むことが大切です。5W2Hで書き出した具体的な情報を読み手に伝えましょう。

※次の文章は障害報告書の「対応・対策」の見出しをつけてまとめた部分です。この文章の問題点を考えてみましょう。　→改善例はp.34

改善前

■対応・対策
ログ量を増やすことで、今後はトラブルは起こりません。ご安心ください。また、再発防止策についても、別途、報告させていただきます。

> ## 1-6-1　ふんわりしたあいまいな書き方はNG

　改善前の文章は、障害に対して、どのような対策を行うのか、どのようにログ量を増やすのか、それがなぜ、トラブルを起こさないことにつながるのかといった、**読み手が知りたいはずの情報が書かれていません。これでは読み手が不信感を抱きます**。

どんな根拠があって
こう書いているんだろう…

1-6-2　情報を5W2Hで書き出す

　改善前の文章では、具体的な情報が不足しているために、読み手が次のような点に疑問をもつと考えられます。

Not good

どのくらい？　　　　　　何に対して？

■対応・体策
ログ量を増やすことで、今後はトラブルは起こりません。ご安心ください。また、再発防止策についても、別途、報告させていただきます。

どのように？　　　いつ？

　このような**疑問が出ないように、情報を整理しておきましょう。そのためにまず、「5W2H」で情報を書き出します**。5W2H とは、「When、Where、Who、What、Why、How、How many（How much）」です。文章を書きはじめる前に、メモに書き出して整理することをおすすめします。

5W2Hメモ

When	いつ	時間に関する情報。時期、期間、期限など。
Where	どこで、どこに、何に対して	場所や対象に関する情報。実施する場所、提出先など。
Who	誰が	人物に関する情報。担当者、責任者、ターゲットなど。
What	何を	内容に関する情報。作業内容、依頼内容など。
Why	なぜ	理由に関する情報。作業の理由や目的など。
How	どのように	方法に関する情報。作業のやり方や手順、手段など。
How many, How much	いくつ、いくら、どのくらい	数量や費用に関する情報。コストや予算、損失など。

> 1-6-3　情報をロジックツリーで整理する

　5W2Hで書き出した情報をロジックツリーに配置します。ロジックツリーとは、本章第3節で説明したとおり、構成を組み立てるために活用するものでした。

　ロジックツリーの第2階層のポイントを裏付けるために必要な情報を、第3階層に置くことで、説得力ある文章になります。

　このときに、抜けている情報がないかを確認しておくことが大切です。また、特に長い文章の場合は、同じような情報が重複していないかということにも注意しましょう。

　p.31の文章を改善するためのロジックツリーは、次のようになります。

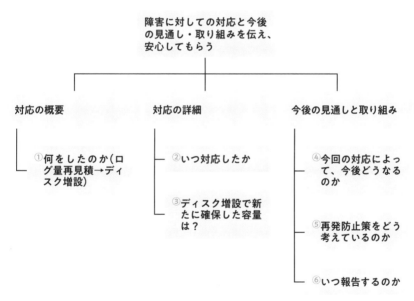

> p.31の文章を改善するためのロジックツリー

ロジックツリーを使って整理をしたら、文章にまとめていきます。

障害報告では、読み手が疑問を抱かないように、情報を明確に伝えることで、対応・対策の説得力が高まり、信頼獲得につながります。

前ページのロジックツリーをもとに改善した文章の例は、下の通りです。この文章において、第1文がロジックツリーの①②③に、第2文が同④に、第3文が同⑤⑥に、それぞれ対応しています。

＋ プラスアルファ

メールの連絡文にも5W2Hが有効

5W2Hは、日常的な連絡や簡単な依頼といったメールを書くときにも意識したい。たとえば、ミーティングの連絡ならば、「いつ」「どこで」の情報だけでなく、「何を」議論するのか議題を書いておけば、準備を促すことになるだろう。また、発注関連なら「いくらで」の情報は欠かせない。

5W2Hは、仕事をスムーズに進めるための情報であると同時に、伝え漏れや思い違いによるトラブルの防止に役立つ情報でもあるのだ。

改善例

> いつ、何を、どのくらいしたのか具体的に述べる

■対応・対策

○○システムのログ量の見積を計算し直し、8月30日のメンテナンス時にディスクを増設して、新たに5TBの空き容量を確保しました。これで、今後2年間はディスク容量不足が起こらない見通しです。
再発防止策につきましては、ログ量の増加異常を検知できなかった原因を調査・分析したうえで、9月10日までに報告いたします。

> 見通しを伝え、安心してもらう

> 再発防止策について具体的に言及し、信頼獲得につなげる

7 ［掟⑥］ 冗長な表現を避けて仕上げる

仕事をスピードアップするための文書の作成方法のポイントは、「冗長でない、簡潔な文にすること」です。これが第6の掟です。簡潔で短い文は、読み手が短時間で内容を理解でき、行動につながりやすくなります。

※次の文章は、障害報告書の主文の部分です。この文章の問題点を考えてみましょう。

→改善例は p.38

改善前

> このたびは○月○日(水)に、突然に貴社の従業員検索システムにまったく予期しない障害が発生し、ご心配をおかけしてしまって、すみませんでした。ご心配をおかけしてしまった障害について、まず最初に、現象、原因の詳細につきまして、下記の通りご報告申し上げます。

> ## 1-7-1 主文は簡潔に

主文の役割は、全体像を伝えることです。そのあとに書いていく具体的な説明と重複しないように、**主文は簡潔に書きましょう**。

👎 Not good

「○月○日(水)に」といった情報は、障害の概要をまとめる主文には不要

> このたびは○月○日(水)に、突然に貴社の従業員検索システムに

「突然に」はなくても通じる

> ## 1-7-2 情報を絞って、伝えたいことを明確にする

文章は情報を絞ることで、伝えたいことが明確になります。改善前の文章のお詫びの部分は**くどい印象を与える、わかりにくいもの**となっています。

ここで伝えたいことは、障害についてのお詫びと「下記」で対応を報告するということです。「まったく予期しない」はこの目的に合致しないばかりか、他人事のような印象を与えますので、削除しましょう。

Not good

貴社の従業員検索システムに<u>まったく予期しない</u>障害が発生し、

目的に合致しない。他人事のような印象

1-7-3　話し言葉は書き言葉に直す

ビジネス文書では、書き言葉を使います。**書き言葉を使えば、話し言葉に含まれがちな冗長な表現が避けられ、すっきりした印象の文になります。**

また、話し言葉の文章は幼い印象を与えることがあります。ビジネスのコミュニケーションにふさわしい表現で書きましょう。

改善前の文章の「ご心配をおかけしてしまって」と「すみませんでした」は話し言葉の表現です。書き言葉なら、「ご心配をおかけし、申し訳ございませんでした」とします。また、「申し訳ございません（でした）」のほか、「お詫び申し上げます」もよく使われます。

Not good　　　　　　話し言葉は書き言葉に

ご心配をおかけしてしまって、すみませんでした。

➕ プラスアルファ

メッセンジャー、チャットサービスと話し言葉

現在では、スピーディーにやり取りするために、メッセンジャーと呼ばれるメッセージ交換アプリやチャットサービスをビジネスに導入する企業も増えてきている。テレワークによって普及が加速している「Slack」もそのひとつだ。これらでやり取りされる投稿では、より話し言葉に近い文体、表現が使われることが多い。

使われる言葉は、組織の文化や状況によって変わってくる。それぞれの場にふさわしい表現を使い分けられるようにしておこう。また、話し言葉であっても、具体的な内容を盛り込み、情報を明確に伝えることを意識してやり取りしよう。

> ### 1-7-4 同じ表現を繰り返さない

文章の中に同じ言葉、同じ表現が何度も使われていると、読み手はくどいと感じます。

改善前の文章では、2つの文に同じ「ご心配をおかけして…」が使われています。読みやすくなるように、表現を見直して繰り返しがないように書き換えましょう。

「ご心配をおかけして」が繰り返されている

 Not good

ご心配をおかけしてしまって、すみませんでした。ご心配をおかけしてしまった障害について、

同じ内容を繰り返して使っている表現を「重ね言葉」といいます。書き言葉で重ね言葉を使うと、冗長な感じを与えます。「まず最初に」は重ね言葉の典型的な例です。「まず」も「最初に」も同じことを意味しているため、どちらかを選択して書き換えましょう。

 Not good

まず最初に、現象、原因の詳細につきまして、下記の通りご報告申し上げます。

「まず」と「最初に」という同じ意味の言葉が使われている

> ### 1-7-5 丁寧すぎる敬語に気を付ける

社外文書、特にお詫びの内容を含む文書では、敬意を伝える敬語を慎重に使うことが求められます。ただし、丁寧な表現だから相手によい印象を与えるとは限りません。**丁寧すぎる表現は、冗長な印象を与えることになるので、見直しましょう。**

改善前の文章の最後は、「ご報告」が謙譲語、「申し上げます」も謙譲語の

二重敬語になっています。ただし、読み手に丁寧な印象を強く与えたいときなど、あえて二重敬語を使用することもあります。「二重敬語は間違っているから使ってはいけない」と考えるのではなく、内容に合わせ、読みやすさを考慮して書くように心がけましょう。

 時短テクニック

簡潔な文章に仕上げていくための手法

簡潔な文章を書くためには、最初から完璧な文章を目指すのではなく、書き上げた文章から冗長な部分を削る、「文章のダイエット」をおすすめしたい。

1文ずつ完全なものを積み上げていくより、全体を書き上げてから修正するほうが作業時間を短くできる。ベストな文を1文ずつ積み上げていっても全体がベストなものになるとは限らないので、良質な文章を作るためにも、多めに書いてあとで削るほうがよい。筆者の経験則でいえば、読者に「長すぎる」という印象を与えなさそうな範囲に目標の文字数を設定し、それより3割程度多く書いてから見直して、不要な部分や冗長な表現、繰り返し使っている言葉を削っていくと、すっきりした文章に仕上がるだろう。

お詫びの言葉が明確に伝わるように、なくてもよい部分を削除した

改善例

貴社の従業員検索システムにこのたび発生した障害につきまして、ご心配をおかけし、申し訳ございませんでした。最初に、現象、原因の詳細につきまして、下記の通り報告いたします。

重ね言葉を修正した

二重敬語を修正した

8 ［掟⑦］ チェックリストを使って 文章を見直す

文書を伝わりやすくするための7つ目の掟は、「書き終わった文章を、見直すこと」です。わかりやすい文章にするために、多面的な観点から見直しましょう。チェックリストの活用をおすすめします。

※次の文章は障害報告書の一部です。この文章の問題点を考えてみましょう。
→改善例は p.42

改善前

■現象（障害内容）
従業員検索をして検索コマンドが実行されたときに、画面には「システムエラー」と出力されました。これは検索のアルゴリズムで指定以外の処理が実行された場合や検索システムの処理が正常に実行されなかった場合に表示されるものなのですが、発覚のきっかけは、先週、従業員検索ができないと連絡をいただいた後で、システム処理に関してのログとエラー内容を調査したところ、ログを格納するディスク容量が記録可能量を超えていたために、「エラー」の表示が出力されていることが反命しました。

> **1-8-1 チェックリストを作り、観点ごとに見直す**

　改善前の文章を読んでみて障害の内容が理解できましたか？ 「誤字があり、内容が頭に入ってこない」「情報が整理されていない」など、問題点を複数見つけられたでしょう。わかりにくい文章には、複数の問題点が潜んでいるものです。文章を見直すときは、**複数の観点から見直すことが重要です**。
　次のように、**観点ごとに分けたチェックリストを活用しましょう**。

- ・文章の構成、想定する読み手
- ・情報の過不足
- ・簡潔さ、わかりやすさ
- ・誤字、脱字など文章品質
- ・段落分けや改行などの読みやすくする処理

1-8-2　文章の構成、読み手をチェックする

　構成が整理されているか、読み手に合っているかとの観点で、文章を全体的に見直しましょう。 改善前の文章では、現象と経緯や原因を改行せずに続けて書いています。項目を分けて整理するといった工夫をしたほうがよいでしょう。

　また、読み手の知識レベルに合っているかどうかも、見直しが必要です。読み手をどのような人と想定して書いたのかを確認しておきましょう。

■ 文章の構成、読み手に関するチェックリスト

> □ 想定した読み手に合わせて書かれている
> □ 全体の構成を整理した上で書かれている

1-8-3　情報の過不足をチェックする

　全体の構成や想定した読み手に合っているかを確認したら、次に、**情報の過不足がないかを確認します。**

　本章第6節で説明したように、5W2Hの情報が明確に書かれていないと、問い合わせのメールをやり取りするなど、無駄な手間が発生します。読み手にとって必要な情報が具体的に書かれているか、過不足がないかを見直します。

■ 情報の過不足に関するチェックリスト

> □ 5W2Hの情報が書かれている
> □ あいまいな表現を避けてはっきりと書いている
> □ 数値や単位を正しく書いている

1-8-4　簡潔さ、わかりやすさをチェックする

　冗長でくどい文章は、読んでいてうんざりするものです。**なくても通じる**

部分は削除し、話し言葉は書き言葉にすることを検討しましょう。

　また、句読点を打つ位置や接続語の使い方についても見直しましょう。句読点の位置が適切かどうかは、音読して不自然な箇所がないかで確認できます。接続語が多いときは、不要な接続語を削除します。

■ 文章の簡潔さ、わかりやすさに関するチェックリスト

> □ 冗長な表現、話し言葉がない
> □ 句読点が適切に使われている
> □ 接続語が適切に使われている

> 1-8-5 誤字・脱字など文章品質をチェックする

　誤字や脱字についても確認します。構成や情報の過不足を見直したあとでチェックするとよいでしょう。誤字で気を付けたいのが同訓異字・同音異義語です。間違った変換をしていないか確認しましょう。

■ 誤字・脱字など文章品質に関するチェックリスト

> □ 誤字・脱字、同訓異字・同音異義語の変換ミスがない
> □ 表現に不統一がない
> □ 固有名詞に間違いがない
> □ 括弧や記号を適切に使っている

> 1-8-6 改行、段落分けなどの読みやすくする処理をチェックする

　読みやすい改行、段落分けがなされているかなどをチェックします。特に長い文章においては、内容の大きな切れ目で空行を入れることも、読みやすさ確保のために効果的です。箇条書きも適宜使いましょう。

■ 読みやすさに関するチェックリスト

□ 適切な位置で改行している
□ 多くの文が連なる長い文章の場合は、大きな内容の切れ目で空行を入れ、ブロック化している
□ 箇条書きを適度に使って整理している

また、図や表も活用し、文書全体を読み手の視覚にも配慮して読みやすくする工夫も取り入れたいです。図や表については第3章で解説しています。

 時短テクニック

自分専用のチェックリストを作っておく

自分の文章の見直し用に、この節の解説を参考にしてオリジナルのチェックリストを作っておくとよい。何回か文章をチェックして、意識せずとも正しく処理できるようになってきた項目は省き、意識しないと正しく処理できないままの項目は残しておこう。改善点が明確になり、文章力向上に効果がある。

改善例　　現象、経緯、原因に整理し、それぞれで新たに行を起こして読みやすくした

■障害内容
現象：従業員検索を実行すると、「システムエラー」と画面に表示されます。　日時を明確に提示　　想定した読み手に合わせて説明を簡潔にした
経緯：2021年8月27日13:15に、従業員検索ができない、とメールで連絡をいただきました。同日、障害原因を調査しました。
原因：ログを格納するディスク容量が不足し、新たな検索結果のログが保存できない状況になっていました。これにより「システムエラー」と表示されていたことが判明しました。

同音異義語を修正

日本語でも英語でも
簡潔な文章の書き方は同じ

ITビジネス分野では、市場や開発拠点がグローバルに広がり、英文のメールや資料を作成する機会が増えてきました。現在では、人工知能(AI)を使うことによって、機械翻訳の精度が上がり、日常のメールや資料の翻訳に活用できるほどに進化しています。しかも、無料で使えるのですから助かります。

翻訳ツールを使うときに気を付けたいのは、元の日本語の文章をできるだけわかりやすく簡潔にしておいたほうがよいということです。元の日本語の文章がわかりにくければ、翻訳した後の英語の文章もわかりにくくなります。

英国やカナダ、米国などでは、政府が発行する公用文は、「プレイン・イングリッシュ」と呼ばれる論理的に組み立てられた簡潔な文章とするよう義務付けられています。プレイン・イングリッシュのガイドラインには、次のようなルールが示されています。

- 重要な情報は文書の先頭におく
- 長文よりは短文で書く
- 主語・動詞・目的語を近づける
- 短くシンプルな単語を使う

1つ目はp.29の「プラスアルファ」でも触れた内容ですね。そしてその他も、いずれも日本語のビジネス文書において文章をわかりやすく書くためのポイントと大差はありません。所変わっても、人々にとっての「わかりやすさ」は、あまり変わらないといえるでしょう。

2

「伝わりにくさ」を
解消する
9つのテクニック

この章では、前章で紹介した「7つの掟」に続き、伝わりにく
い文章を「伝わる」文章に変える9つのテクニックを紹介します。
各節においては、まず、冒頭部の改善前の文章に目を通し、
どこに問題があるのか考えてみましょう。
改善のポイントを押さえながら、具体的に伝わる文章へと
変える方法を理解することができます。

1 明快で理解しやすい文章にするコツ

ITエンジニアが書く文章が読みにくい、理解しにくいといわれる原因に、1つの文が長すぎることが挙げられます。長すぎる文がよくない理由を考え、短く、明快で理解しやすい文章に改善しましょう。

※次の文章は、上司を読み手と想定した技術動向のレポートの一部です。この文章のどこがどのようにわかりにくいのか、問題点を考えてみましょう。

→改善例は p.49

> **改善前**
>
> データ主導の経済が実現すると言われる現代社会において、データの活用は非常に重要になっているので、多様なデータが日々、収集され、蓄積されているわけですが、ビッグデータが従来のコンピューターで処理されてきたデータと異なる点はものすごく大量であるとかだけでなく、非構造化データも含まれるという点です。

> **2-1-1 「一文一義」の原則**

　改善前の文章を読み、書いてある内容が一度で理解できましたか？　おそらく何度か読み返したのではないでしょうか。人が文章を読むときには、文の区切りである句点(。)を目印に、1文ずつ何が書かれているのかを把握しようとします。**1文が長いと情報の意味や関係性を考えながら読み進まなければならず、理解しにくくなります。**

　情報を整理して、わかりやすく読み手に伝える文章作成技術である「テクニカルライティング」の分野では、次のようなセオリー(理論)が掲げられています。

> ・1文は50文字を目安に短くする
> ・1つの文では1つの内容に限定する

　これらのセオリーは、人が文章を読む際の認知特性と理解の仕組みに基づいた知見です。ちなみに改善前の文章は1文で147文字あります。文を短く、一文一義に書き換える必要があります。まずは内容の区切りごとに、スラッシュを入れるとよいでしょう。実務のすべての文を50文字以下にしたり、1つの内容のみを表すものにしたりしなければならないということではなく、目安として心がけ、見直すときの指針にしましょう。

> データ主導の経済が実現すると言われる現代社会において、データの活用は非常に重要になっているので、／多様なデータが日々、収集され、蓄積されているわけですが、／ビッグデータが従来のコンピューターで処理されてきたデータと異なる点はものすごく大量であるとかだけでなく、／非構造化データも含まれるという点です。

スラッシュで内容ごとに区切る。
この文章は4つに分けられる

2-1-2 「…ので」と「…が」は迷わず区切る

　複数の内容が入った長い文は、「ので」や「が」といった接続助詞でつないでいることが多いものです。こうした文は、下のように理由や背景を説明してから、本題に入る構造になっています。つまり、重要な本題は後半に書かれています。改善するには、**文を「ので、」の部分で区切り、後半に書かれている本題を先に書くとよいでしょう。**すっきりと明快な文章になります。

 Not good

理由や背景が先に書かれている

データ主導の経済が実現すると言われる現代社会において、データの活用は非常に重要になっているので、多様なデータが日々、収集され、蓄積されているわけですが、…

本題が後半に書かれている

現在は、多様なデータが日々、収集、蓄積されています。これらのビッグデータが従来のコンピューターで処理されてきたデータと異なる点は、非常に大量であることと、非構造化データも含まれることです。「データ主導経済」では、…

「が」も同様に、状況を比較したり、補足的な説明をしたりするために使うことが多い接続助詞です。筆者の経験でいえば、ITエンジニアは経験と知識を得て中堅に近づくほど、「が」でつないだ長い文を書く傾向があるようです。

多くの情報を伝えてあげたいという書き手の配慮であっても、読み手にとっては負担になります。伝えたいことがズバッと伝わるように、1文で伝える情報は整理して、できるだけ1つに限定しましょう。

＋ プラスアルファ

技術文書では「〜することが可能です」に注意
技術文書でよく使われる表現に、「〜することが可能です」がある。「〜できます」と書き換えれば、簡潔な文になる。ただし、「〜できます」にしても、何度も繰り返すとくどい印象を与えるので、「〜を実現できます」「〜が成立します」などのほかの表現にできないか考えよう。

> ### 2-1-3　情報が素早く簡潔に伝わるよう、冗長にしない

メッセンジャーやSlackなどのコミュニケーションツールで交わされる文章では、話し言葉に近い表現が使われています。しかし、技術文書や報告書、ビジネスメールでこうした表現をそのまま使うと、冗長に感じられ、幼い印象を与えます。

冒頭の改善前の文章の「ものすごく」や「とかだけでなく」が、そうした

表現に当たります。簡潔でビジネスにふさわしい表現に書き換えましょう。

そのほか、下に挙げた冗長表現もよく見られます。これらも、簡潔な言葉に置き換えるか、なくても意味が通じるならば削除しましょう。

・〜というような

・いうまでもなく

・〜ということになります

 Not good

> ビッグデータが従来のコンピューターで処理されてきたデータと異なる点はものすごく大量であるとかだけでなく、非構造化データも含まれるという点です。

話し言葉は幼い印象を与え、読みにくい

Good

> ビッグデータが従来のコンピューターで処理されてきたデータと異なる点は、非常に大量であることと、非構造化データも含まれることです。

話し言葉ではなく、書き言葉にする

改善例

> 現在は、多様なデータが日々、収集、蓄積されています。このようなビッグデータが従来のコンピューターで処理されてきたデータと異なる点は、非常に大量であることと、非構造化データも含まれることです。「データ主導経済」では、ビッグデータ活用がより重要になっています。

2　書き手視点を読み手視点に変える

わかりやすく、読み手が納得する文書を作成するには、「読み手視点」で書くことが重要です。読み手にとって理解しやすいのか、情報がどのように役立つのかを考えていない「書き手視点」の文章を、読み手視点に変えましょう。

※次は、社内の○○プロジェクトの関係者に向けて、添付したファイルの内容の確認を依頼するメールの文面です。この文章のどこがどのようにわかりにくいのか、問題点を考えてみましょう。　→改善例はp.53

> **改善前**
>
> お疲れ様です。
> 先日の開発会議で再検討事項となった内容などを見直して、機能仕様書を修正しました。至急、内容をご確認のうえ、お気付きの点などあれば、ご連絡ください。よろしくお願いします。

＞　2-2-1　誰が誰に向けた文章なのかを明確にする

「社内の関係者だから、メールアドレスを指定していれば、あて先や自分の氏名を書かなくてもよいだろう」と考えるのは、まさに書き手視点です。**業務を確実に進めるには、次の情報を冒頭に書きましょう。**

あて先 ――――――→	誰に
発信者名 ――――――→	誰が

情報を確実に伝えるために、「誰が誰に向けた文書なのか」を明確に書きましょう。誰に向けて書いているのかを意識することにもつながります。

複数の人にメールを送る場合、読み手も、あて先が明確に書かれていないと「誰かが対応してくれる」と思い、結果的に誰も対応しないままになってしまう可能性があります。「○○プロジェクトの関係者に向けて書いている」とわかるように、あて先を書きます。

また、誰が発信しているかがわかるように、最初に発信者名を入れましょう。

Not good

お疲れ様です。　挨拶しかなく、あて先と発信者が書かれていない

👍 Good

開発部開発1課　◎◎プロジェクトメンバー各位　　あて先を示す

お疲れ様です。高橋です。　発信者を書く

> ### 2-2-2　主語、目的語の省略や「など」の多用を避ける

　日本語には「主語や目的語を省略しても文脈から内容を判断できる」という特徴があります。そのため、主語や目的語が省略されている文をよく目にします。しかし、ビジネス文書では推測や推察を必要としない書き方が求められます。**主語や目的語を具体的に書き、明快な文章にしましょう。**

　また、**「など」は文章の内容をあいまいにする表現で、読み手がはっきりと内容を読み取れなくなる原因の1つです。**「など」は、書き手側にとって同種のものをまとめて示すだけでなく、はっきり書くと明確になってしまう責任の範囲をぼやかしたままにできる便利な言葉です。しかし、読み手側にとっては範囲があいまいになる表現です。「ほかにもいろいろありますが……」といった、**判断を相手任せにする「など」は使わないようにします。**

 Not good　　何が再検討になったのかわからない

開発会議で再検討事項となった内容などを見直して、機能仕様書を修正しました。　何が含まれるか不明確な「など」

 Good　　　何が再検討になったか明確に記す

開発会議で再検討事項となった追加機能の内容と、共同開発の△△大学山本先生から誤りの可能性について指摘を受けたデータ分析の結果を見直して、機能仕様書を修正しました。　「など」を使わず具体的に書く

業務で使う文書は、**読み手によって異なる受け取り方をされないよう、「一意」になるように書きます。**

改善前の文章の「先日」は、具体的な日付で書かないと、読み手は、書き手が言及しているのとは別の日を想起するかもしれません。また、「至急」も期限をあいまいにする表現で、書き手が必要とする日時までに、読み手にしてほしいことがなされない原因となります。

特に、期限についての読み手の解釈のばらつきは、業務のスピードに直接影響することがあります。たとえば、書き手が「8月31日までに」と日付指定したとしても、より具体的な期限については、下記のように様々な解釈が成り立ちます。

例.「8月31日までに」という場合の解釈の違い

> Aさんの解釈：8月31日の終業時刻(17時30分)まで
> Bさんの解釈：8月31日のうちの都合のよい時刻
> Cさんの解釈：8月31日の23時59分まで
> Dさんの解釈：相手がメールを確認する、翌日(9月1日)の始業時刻まで

必要に応じて、期限は時刻まで指定しましょう。

 Not good

先日の開発会議で……。 | いつの開発会議か、解釈がばらつきうる
至急、……してください。 | してほしいことの期限が明確でない

 Good

○月○日の開発会議で……。 | いつの開発会議か明確に記す
●月●日××時までに、…してください。 | してほしいことの期限を明確に示す

> ## 2-2-4 してほしいことを具体的に書く

　多様な仲間と、多様な働き方で仕事を進めることが増えている現在、あいまいな表現が誤解を生み、誤った方向に仕事が進んでしまうことがあります。**読み手に何をしてほしいのか、読み手は何をすればよいのかを具体的に示し、次の行動を促します。**

👎 Not good　　　どのような内容をどのように伝えてほしいのかが不明確

内容をご確認のうえ、お気付きの点などあれば、ご連絡ください。

👍 Good　　　どのような内容をどのように伝えてほしいのかを具体的に示す

添付したファイルの内容をご確認いただき、不足や間違いがありましたら、コメント欄にて指摘をお願いします。

●月●日××時までに、私、高橋までメールに添付してご返送ください。指摘事項がない場合は、その旨、ご連絡ください。

改善例

開発部開発1課　◎◎プロジェクトメンバー各位

お疲れ様です。高橋です。

○月○日の開発会議で再検討事項となった追加機能の内容と、共同開発の△△大学山本先生から誤りの可能性について指摘を受けたデータ分析の結果を見直して、機能仕様書を修正しました。

添付したファイルの内容をご確認いただき、不足や間違いがありましたら、コメント欄にて指摘をお願いします。

●月●日××時までに、私、高橋までメールに添付してご返送ください。指摘事項がない場合は、その旨、ご連絡ください。

よろしくお願いします。

3 伝わりやすい構成と表現にする

意図の通りに情報を伝えるには、伝わりやすい構成にし、表現にも留意しましょう。内容が不明確になる構成にしていたり、丁寧さだけに気を取られていたりすると、わかりにくくなります。読み手が何をすべきかすぐに理解できる構成・表現にします。

※次は、エンドユーザーに向けて、パスワード設定の留意点について説明した文章の一部です。この文章のどこがどのようにわかりにくいのか、問題点を考えてみましょう。

→改善例は p.57

改善前

推測されやすいパスワードは、第三者にログインされ、不正利用されてしまう危険性を高めます。たとえば、誕生日や名前などを組み合わせたパスワードは覚えやすいのですが、推測されやすいものでもあります。適切なパスワードを使わないと、セキュリティ対策にはなりません。意味のない文字列と数字、記号を組み合わせたパスワードを設定する必要があります。

> 2-3-1 何をすべきなのかを最初に書く

　上記の文章では、1文目で推測されやすいパスワードの危険性を説明しています。読み手に最も伝えたいのは、推測されにくいパスワードを設定することです。「だから何をすればよいの？」と読み手を悩ませないよう、**具体的に何をしてほしいのかを最初に書く**ことが重要です。

🗨 Not good

推測されやすいパスワードは、第三者にログインされ、不正利用されてしまう危険性を高めます。

何をすればよいのかを示していない

👍 Good

何をすればよいのかを最初に示している

パスワードは、推測されにくいものにしましょう。推測されやすいパスワードは、第三者にログインされ、不正利用される危険性を高めます。

> ### 2-3-2 次に理由を述べていく

　何をしてほしいのか、あるいは何を禁止して注意を促すのかといった、最も重要な情報を最初に書いたら、**次に理由や詳しい説明を書きます**。

読み手に伝わる文章構造

読み手にしてほしいこと	理由

> ### 2-3-3 逆接の助詞「が」は、そのあとの意味を弱める

　「〜だが、〜である」といった文章構成が、ITエンジニアによく見られます。書き手は、背景や考えられる反論を折り込み済みであると示したいがために書いているのでしょう。しかし、この逆接の助詞「が」には、そのあとに続く重要な内容の意味を弱める効果があります。

　改善前の文章では、誕生日や名前などを組み合わせたパスワードは覚えやすいという利点と、そこに危険性があるという重要な内容を、逆接の助詞「が」でつないでいます。この2つの内容は、**区切ってそれぞれを1文で書くとよいでしょう**。また、両者を逆接の語でつなぎたいのなら、助詞ではなく接続詞の「しかし」を使うと、伝えたいことの意味は弱まりません。

🗨 Not good

たとえば、誕生日や名前などを組み合わせたパスワードは覚えやすいのですが、推測されやすいものでもあります。

> 逆接の助詞「が」が、そのあとに続く伝えたいことの意味を弱めている

 Good

たとえば、誕生日や名前などを組み合わせたパスワードには、覚えやすいという利点があります。しかし、そのようなパスワードは推測されやすいものです。

> 2つの内容をそれぞれ1文ずつで表し、「しかし」でつないだことで、あとの内容の意味の強さが維持されている

　読み手が理解しにくい、注意すべき文章表現のひとつに、**「二重否定」**があります。1文の中に否定が2つ入っている文章で、「～ないわけではない」「～ないとは限らない」「～ないと、～ない」といった表現です。テクニカルライティングでは、**伝えたいことが伝わりにくくなる表現として、注意喚起の文や指示文では避けるべき**とされています。

👎 Not good

二重否定によって意味が伝わりにくくなっている

適切なパスワードを使わないと、セキュリティ対策にはなりません。

　二重否定の文を改善するには、次の2つの方法があります。
①両方とも肯定形に修正する　→何をすべきなのかが明確になる
②前半の否定を残して、後半を書き換える
　　　→前半の結果を後半で示し、前半の内容の重大性を強調する

👍 Good

①適切なパスワードを使えば、セキュリティ対策になります。　両方とも肯定形
②適切なパスワードを使わないと、不正ログインされる恐れがあります。

前半は否定のまま、後半でその結果を示している

　「～が必要です」は、してほしいことを婉曲に説明する表現で、丁寧な印象を与えます。「～してください」と指示するのは読み手に失礼ではないかと思って、この表現を使いたくなるのでしょう。しかし、**書き言葉では、誤解が生じないように、的確に指示することを優先しましょう。**

👎 Not good

意味のない文字列と数字、記号を組み合わせたパスワードを設定する必要があります。

してほしいことを婉曲に表現している

Good

意味のない文字列と数字、記号を組み合わせて、パスワードを設定して
ください。

してほしいことを明確に示している

✚ プラスアルファ

「してほしくないこと」もはっきり書く

使用説明書やユーザーマニュアルでは、ユーザーにしてほしくないこ
とを書かなければならないことがある。その際に、「〜しないでくだ
さい」と禁止するのは失礼にあたるかもしれないといった理由で、「〜
には注意が必要です」と書いている例を見ることがある。

ユーザーのリスクを減らすためにも、禁止したいことははっきりと書
こう。このような文章の工夫がユーザーによるミスを防ぎ、システム
の安定的な運用につながるだろう。

🗨 Not good

オンライン会議のURLの関係者以外への公開には、注意が必要です。

 Good

オンライン会議のURLは、関係者以外に公開しないでください。

改善例

パスワードは、推測されにくいものにしましょう。推測されやすいパス
ワードは、第三者にログインされ、不正利用される危険性を高めます。
たとえば、誕生日や名前などを組み合わせたパスワードには、覚えやす
いという利点があります。しかし、そのようなパスワードは推測されや
すいものです。

適切なパスワードを使えば、セキュリティ対策になります。意味のない
文字列と数字、記号を組み合わせて、パスワードを設定してください。

4 難しい印象を与えないように書く

ITエンジニアが書く文章は、専門用語やカタカナ語が多くなる傾向があり、難しい印象を与えがちです。読み手にとって理解しやすい言葉や表現を使いましょう。

※次は、ITにあまり詳しくない顧客に向けた提案書の中で、技術について説明している文章の一部です。この文章のどこがどのようにわかりにくいのか、問題点を考えてみましょう。

→改善例はp.61

改善前

Deep Learningは、AIにおける学習手法のひとつです。Deep Learningでは、人間の判断を介することなく、機械が自動的にデータの特徴を取り出すことにより、深く、多層的に学習していきます。Deep Learningによって、多くのイノベーションが生まれる可能性があり、幅広い分野で活用され始めています。

> **2-4-1 英語表記をカタカナ語に換える**

　上記の文章は、「Deep Learning」を知らない人にとっては、難しい言葉や言い回しが多く、調べながら読まなければ理解できないでしょう。

　英語の用語は、英語のまま書くといかにも専門用語らしく見えてしまいます。また、読めない人には、英語表記というだけで抵抗感を覚える人もいるでしょう。**英語表記は、よく知られている言葉であればカタカナに書き換えると読みやすくなることがあります**。

 Not good　読めない人がいるかもしれない

Deep Learningは、AIにおける学習手法のひとつです。

 Good　読みやすいカタカナ表記にする

ディープラーニングは、AI(人工知能)における学習手法のひとつです。

➕ プラスアルファ

カタカナ表記に留意する

ITエンジニアの文書で表記が揺れやすいのが、カタカナの語句である。たとえば、「フォルダー」と「フォルダ」のように、末尾の長音を付けるか付けないかという問題がある。これに関していえば、最近は「フォルダー」と長音を付ける表記が一般的になっているが、以前は「フォルダ」のように末尾に長音を付けない表記を採用していた企業も多かった。混在がないように、組織やグループにルールがあれば順守しよう。ルールがない場合は、少なくとも案件ごとには表記を統一しよう。表記が揺れがちな語句を下記に示すので、参考にしてほしい。

複数の表記が使われていることによる揺れ	ウェブ／Webサイト／ホームページ
外来語の「v」音カタカナ表記の違いによる揺れ	ヴァーチャル／バーチャル
略語と元の言葉による揺れ	スマホ／スマートフォン ネット／インターネット

> **2-4-2 英語の略語を日本語の表記に換える**

　英語の用語には「AI」のような略語があります。**略語は、それだけで相手に伝わるかどうかを考えながら用いましょう**。

　「AI」は「Artificial Intelligence」の略語で、すでに広く知られています。この場合は、「Artificial Intelligence」(アーティフィシャル・インテリジェンス)と書くよりも、「AI」の方が読み手は理解しやすいでしょう。さらに「AI」を「人工知能」と書けば、より理解しやすくなります。「AI(人工知能)」としてもよいでしょう。

　一方で、「IT」(Information Technology＝情報技術)、「ICT」(Information and Communication Technology＝情報通信技術)のように、すでに一般的に広く知れわたり、理解されている略語は、日本語表記にするとかえって読みにくく難解になります。略語だけでもよいでしょう。

Not good　　英語の略語だけでは理解されないかもしれない

Deep Learningは、AIにおける学習手法のひとつです。

Good　　　　　　　日本語表記を加える

ディープラーニングは、AI (人工知能)における学習手法のひとつです。

　また、たとえば「PC」は「Personal Computer」の略語ですが、「パーソナルコンピューター」ではなく「パソコン」と書くと読みやすくなります。
　英語の略語については、より意味が伝わりやすく、より広く使われている言葉を選ぶようにしましょう。

> ### 2-4-3　技術用語はできるだけ平易に説明を加える

　専門的な内容を一般の多くの人が理解しやすい文章にするには、技術用語をできるだけ平易な言葉に言い換える方法があります。ある分野では当たり前のように使用されている用語でも、一歩その分野を出れば知らない人が多くいます。わかりにくい技術用語は、特に英語由来のカタカナ語に多く見られます。常に**読み手の視線に合わせることを意識しましょう。**

Not good　　よく聞く言葉でも意味がわからない人もいる

多くのイノベーションが生まれる

Good　　　　　なじみのある語句を加える

多くのイノベーション(技術革新)が生まれる

> ### 2-4-4　英文直訳調の言い回しは避ける

　日本語の文章には、英語由来のカタカナ語がごく自然に使われています。ところが、言い回しまで英語のように書いてしまうと、日本語の文としては

硬くて冗長な表現になり、わかりにくくなるので、**シンプルな表現で書きましょう**。英文直訳調には翻訳ソフトで正しい英文になりやすいというメリットがあると考えられますが、日本語の文書の読み手にとってのわかりやすさを優先しましょう。

 Not good

「～することによる」は英語の「by ～ing」を使った言い回しで、やや冗長な表現

機械が自動的にデータの特徴を取り出すことにより、……

 Good

簡潔でこなれた表現にする

機械が自動的にデータの特徴を取り出し、……

> **2-4-5 理解しやすい事例で説明する**

　抽象的な概念を説明したら、身近な事例を使ってどのように利用されているのか、どのようなメリットがあるのかを説明するとよいでしょう。読み手の理解につながります。

 Not good

具体的な例がないので、理解しにくい

幅広い分野で活用され始めています。

 Good

読み手が理解しやすい事例を使って説明する

自動運転などの分野で活用され始めています。

改善例

　ディープラーニングは、AI（人工知能）における学習手法のひとつです。ディープラーニングでは、人間の判断を介することなく、機械が自動的にデータの特徴を取り出し、深く、多層的に学習していきます。ディープラーニングによって、多くのイノベーション（技術革新）が生まれる可能性があり、自動運転などの分野で活用され始めています。

5 　お詫び文では、謝罪とともに、経緯と今後の対応を真摯に伝える

システムのトラブルや、仕事上のミスで相手に迷惑をかけたときには、まず状況を真摯に受け止め、誠意をもってお詫びします。そのうえで、対応や再発防止策を書きます。読み手の安心感や信頼につながります。

※次は、顧客に向けたトラブル報告とお詫び文の一部です。この文章にはどのような問題点があるのか、考えてみましょう。

→改善例は p.65

> **改善前**
>
> 　このたびは弊社サーバーのトラブルにより、一時的な接続不良が発生し、ご心配、ご迷惑をおかけいたしました。今後は二度とこのようなことのないように、取り組んでいく所存です。今後ともどうぞよろしくお願いいたします。

2-5-1　謝罪の気持ちとその範囲を明確にする

　お詫びの気持ちは、はじめの段落に書きます。お詫びは過失に対して行われるものです。こちら側の過失と与えた損害を示し、誠意のある言葉でまずお詫びします。このとき、「ご迷惑をおかけしました」だけでなく、相手にどのような損害を与えたのかを考慮して書きましょう。

　ただし、謝罪の範囲を明確にしておかないと、リスクにつながります。すべて自分たちの過失であるように書くと、損害賠償を求められた場合に不利益をもたらします。あくまでも与えた損害の内容に限定して書きましょう。

👎 Not good　　　　　状況の説明だけでお詫びの言葉がない

　このたびは弊社サーバーのトラブルにより、一時的な接続不良が発生し、ご心配、ご迷惑をおかけいたしました。

Good　　　　　　　迷惑をかけた内容を示す

　貴社におかれましては、障害発生中に顧客サービスの提供が滞ることになり、**大変ご迷惑をおかけいたしました。深くお詫び申し上げます。**

お詫びの言葉を入れる

2-5-2　経緯をはっきりさせるために、原因と結果を明確に伝える

　お詫びには、原因と結果を明確に書きます。「何が起きて、どうなった」のか、経緯を整理して相手に示せば、こちら側がトラブルに対して真摯に向き合い、分析し、反省している意図が伝わります。短い文章で伝えきれないときには、はじめに概要を書き、詳細を別記して、情報を整理します。

Not good　　　　原因や現在の状況である結果が書かれていない

一時的な接続不良が発生し、ご心配、ご迷惑をおかけいたしました。

Good　　　　　　　原因や現状（結果）が示されている

　このたび、弊社サーバーの電源システムが遮断されたことが原因で、**貴社Webサービスに一時的な接続不良が発生しました。**……
現在は復旧しており、正常にご利用いただけます。

2-5-3　対応を正しく伝える

　トラブルの発生時に、相手が最も知りたいことは、どのような対応をしてくれたのかという事実です。解決していれば「解決した」ことを、まだ解決していなければ「いつ頃解決する見込み」であるかを明確に書きましょう。相手は現状を判断し、被害を最小限にする対応ができます。

 Not good　　　　　具体的でなく漠然としている

今後は二度とこのようなことのないように、取り組んでいく**所存です。**

Good

今後の見込みと対応時期を示す

再発防止のため、電源の二重化とシステム稼働監視プログラムの修正を行う予定です。対応時期につきましては、○月○日までにお知らせいたします。また、チェック体制を強化してまいります。

その他の取り組みについても伝える

＋ プラスアルファ

「すべての過失の責任を負う」ことはビジネスのリスク

日本では昔から、「土下座」のような「とにかく謝る」ことで誠意を伝える方法がお詫びの美学として存在する。しかしビジネスでは、「とにかく謝る」ことはリスクになることを知っておこう。

「今回の件はすべてこちらが悪い」として謝ると、直接的な原因のほかにも、関連する損害や遠因による被害もすべて責任を認めてしまうことになる。その結果、訴訟で莫大な賠償責任を負うリスクが生じる。ビジネスにおけるお詫びでは、必ず「原因」と「結果」を結び付け、過失によって生じた直接の損害を認めることが重要だ。これは決して「誠意がない」対応ではないので安心しよう。

リスクが発生する書き方の例

 Not good

このたびのトラブルで貴社が被った損失については、すべて弊社にて対応させていただきます。

上記のように、すべて自分たちの責任であるかのような表現を使うと、直接の損害に加えて関連する損害もすべてこちらの責任になる危険性が高まるので注意しよう。

> **2-5-4　内容が伴っていない丁寧さでは気持ちが伝わらない**

　お詫びを伝える文章がありきたりの丁寧な表現で書かれているだけでは、おざなりな印象を与えてしまいます。たとえば、改善前の文章の「今後は二度とこのようなことのないように、取り組んでいく所存です」というのは、書き手の気持ちであり、具体的にどうするのかがわかりません。

　今後の取り組みや姿勢を具体的に伝える内容が書かれていてこそ、お詫びの気持ちが伝わります。

> **2-5-5　丁重な文で結び、安心感を与える**

　お詫び文の最後は丁重な表現で締めくくります。今後の取引の継続を願う文末表現を使って、気持ちを伝えます。社外文書のマナーにのっとり、礼儀を尽くした結びの文にしましょう。

 Not good　　一般的な挨拶では、誠意が伝わらない

今後ともどうぞよろしくお願いいたします。

 Good　　ビジネスマナーにのっとった丁重な表現で結ぶ

引き続き倍旧のご厚情を賜りたく、何卒よろしくお願い申し上げます。

改善例

このたび、弊社サーバーの電源システムが遮断されたことが原因で、貴社Webサービスに一時的な接続不良が発生しました。貴社におかれましては、障害発生中に顧客サービスの提供が滞ることになり、大変ご迷惑をおかけいたしました。深くお詫び申し上げます。
現在は復旧しており、正常にご利用いただけます。
なお、再発防止のため、電源の二重化とシステム稼働監視プログラムの修正を行う予定です。対応時期につきましては、○月○日までにお知らせいたします。また、チェック体制を強化してまいります。
引き続き倍旧のご厚情を賜りたく、何卒よろしくお願い申し上げます。

6 他人事のような表現を直す

丁寧な言葉で書こう、やわらかい表現を使おうと意識しすぎるあまりに、読み手にとっては他人事のような印象を与えることがあります。主体性をもって伝えましょう。

※次は、エンドユーザーからの問い合わせに対しての説明文の一部です。この文章のどこがどのようにわかりにくいのか、問題点を考えてみましょう。

→改善例は p.69

改善前

メニューの［サインアウト］アイコンがタップされると確認画面を表示します。このとき一部の機種でエラーメッセージが表示される現象について、お問い合わせをいただいているようです。ウィンドウを閉じていただくと、問題なくサインアウトされます。

このエラーは次回のアップデートで修正対象となります。アップデートは○月○日予定とのことです。

> **2-6-1 行動と結果で、能動態と受動態を使い分ける**

改善前の文章を読むと、**遠まわしな表現が含まれ、書き手の向こうに第三者がいて、「誰かから指示を受けた内容を他人事のように伝えている」感じを受けませんか**。書き手に主体性と責任感が感じられず、他人任せな印象になり、書き手の意思が伝わってきません。

他人事のような印象を与える理由の1つは、書き手や読み手の行動を受動態や伝聞調で書いていることです。あいまいで、確かな情報ではないような印象を与えています。書き手が確認したことは、能動態で書きましょう。

 Not good

一部の機種でエラーメッセージが表示される現象について、お問い合わせをいただいているようです。

伝聞調で他人事のような印象

Good

　一部の機種でエラーメッセージが表示される現象についてお問い合わせがあり、状況を確認しました。　　自分の行動は能動態で示す

　読み手が何か行動したら、読み手はその結果を受け取ります。ビジネス文書では、文章は読み手の視点で書くべきなので、**行動によって生じる結果は受動態で書きましょう**。

　たとえば、「ボタンをクリックすると画面が表示される」という行動と結果の組み合わせを考えてみましょう。「クリックする」のは読み手の行動なので、能動態の「クリックする」を使います。「表示する」のはシステムの動作で読み手が受け取る結果なので、受動態の「表示される」を使います。

　行動と結果で、能動態と受動態の使い分けを比べてみましょう。

① 行動＝受動態、結果＝受動態

　メニューの［サインアウト］アイコンがタップされると、**確認画面が**表示されます。

② 行動＝能動態、結果＝受動態

　メニューの［サインアウト］アイコンをタップすると、**確認画面が**表示されます。

③ 行動＝受動態、結果＝能動態

　メニューの［サインアウト］アイコンがタップされると、**確認画面を**表示します。

④ 行動＝能動態、結果＝能動態

　メニューの［サインアウト］アイコンをタップすると、**確認画面を**表示します。

　エンドユーザーが自然に感じるのは②です。①は誰の視点なのかが不明で、他人事のようです。③は視点が書き手でも読み手でもなく、システムにあり

ます。④は「タップする」のは読み手だけれども「表示する」のはシステム
なので、視点に統一感がなく、不自然で意味がわかりにくい文章です。

　日本語ではやわらかく言う謙虚な表現が多く使われます。しかしビジネス
文書ではあいまいにせず、はっきりと自分の行動を伝えなければなりません。
「〜となります」「〜になります」は、主体性が伝わりにくい表現です。

Not good ┄┄┄┄┄ 書き手が他人からの伝言を伝えているような印象

このエラーは次回のアップデートで修正対象となります。

 Good 自分の行動を明確に示すことで、主体性が伝わる

このエラーは、次回のアップデートで修正いたします。

> **2-6-3 相手から見て自分が当事者なら、「〜とのこと」は使わない**

　改善前の文章の「**アップデートは○月○日予定とのことです**」は、**伝聞の書き方**です。この文章を書いた人は、同じシステム開発部にいる別の担当者から聞いたことなので「〜とのこと」を使ったのかもしれません。しかし、読み手はシステム開発部からの連絡として受け取るので、発信者であるシステム開発部全体を代表する直接表現にします。

 Not good 読み手にとっては、書き手がほかの誰かから
聞いたことを伝えているような表現

アップデートは○月○日予定とのことです。

 Good 伝聞ではなく、自分たちの予定として伝える

アップデートは○月○日に実施予定です。

改善例

メニューの［サインアウト］アイコンをタップすると、確認画面が表示されます。このとき一部の機種でエラーメッセージが表示される現象についてお問い合わせがあり、状況を確認しました。ウィンドウを閉じていただくと、問題なくサインアウトされます。
このエラーは、次回のアップデートで修正いたします。アップデートは○月○日に実施予定です。

7　熱意を伝える表現を加える

新サービスや新製品の提案において、その良さや豊富な機能について事実を伝えるだけでは、相手の気持ちを動かせません。熱意が伝わる表現を添えて、読み手にとってのメリットを伝え、相手を説得できる文章を書きましょう。

※次の文章は、社外のビジネスパートナーから問い合わせがあったサービスの新機能について返信し、導入の検討を提案するメールです。この文章の問題点を考えてみましょう。　　　　→改善例は p.73

> **改善前**
>
> ○○株式会社　△△様
> 日頃は大変お世話になっております。株式会社◎◎の▽▽です。
> メールでお問い合わせいただきました、××サービスの新機能については、添付のファイルのようになります。
> ご検討のほど、どうぞよろしくお願いいたします。

> **2-7-1　冒頭部で謝意を伝える**

　改善前の文章のままでは、事務的な連絡に留まってしまいます。**提案を成功に導くために、提案側の熱意を伝えましょう。**

　はじめに、問い合わせをいただいたことに対するお礼の言葉を書きます。相手は、このサービスに興味がなければ詳細を聞いてくることはないはずです。相手が提案に興味をもってくれたことに感謝の気持ちを述べます。

はじめに感謝の言葉があれば印象がよく、読み進める気持ちにつながります。

 Not good　　　相手の行動に対する感謝の表現がない

メールでお問い合わせいただきました、××サービスの……

👍 Good　　　顧客の行動について謝意を伝える

××サービスの新機能についてお問い合わせいただき、誠にありがとうございます。

2-7-2　相手が知りたいことを要約して伝える

　改善前の文章では添付ファイルを開けば詳細がわかると書かれていますが、相手は忙しくて、すぐに添付ファイルを開いてくれないかもしれません。外出先からスマートフォンでメールを確認していれば、添付ファイルを開けないこともあるでしょう。

　そこで**添付の内容を要約して本文に書いておけば、開かなくてもおおよそのことがわかって親切です。**

　サービスのよい点や新しい点、読み手に与えるメリットをコンパクトに紹介し、詳細を添付ファイルの内容に引き継ぎます。

 Not good　　　　　　　　　　　　添付ファイルを見るまで新機能がわからない

　××サービスの新機能については、添付のファイルのようになります。

👍 Good　　　　　　　　　　　　内容の重要な部分を要約して伝える

　この新機能は、テレワーク実施中に不足しがちなメンバーのコミュニケーションを手軽に促進するためのものです。

2-7-3　次の行動を促すように書く

　ビジネスメールやビジネス文書は、用件を簡潔に伝える書き方が基本です。一方で、相手に商品やサービスの提案をするときには、簡潔で事務的な連絡だけでは相手の心を惹きつけにくく、次の行動を促すことができません。

　そこで、**相手に熱意を伝え、具体的な行動に言及して、次につながるようひと工夫をしましょう。**相手のニーズに自分が真剣に対応する意思が伝わるようにすることがポイントです。

 Not good　　　　　間違っていないが、具体性がなく、次につながらない

　ご検討のほど、どうぞよろしくお願いいたします。

Good 次にどのようにしたいか、行動に言及している

是非、一度、オンラインミーティングにて、ご説明させてください。ご都合のよいときにお時間を30分ほどいただけるとありがたいです。よろしげれば、来週から再来週までのあいだで候補日時をいくつか**お知らせください。**

➕ プラスアルファ

返信がないときに様子をうかがう

提案したのに返信がこないとき、そのまま放置していないだろうか。相手側は関心がないということではなく、単に時間がなくて対応できていない場合もあるだろう。相手の返信がないときには、様子をうかがうメールを送ろう。様子うかがいのメールは、催促しているような文章にならないように注意すれば、失礼にはならない。

自分からアクションを起こして相手に不明点がないかを確認することが、熱意を伝えることにつながっていく。

例

先日お送りいたしましたご提案につきまして、その後、ご検討の進捗はいかがでしょうか。ご不明点などございましたら、ご遠慮なくお問い合わせください。ご多忙のこととは存じますが、引き続き、よろしくお願いいたします。

> **2-7-4　熱意を疑われる言葉は使わない**

　文章で熱意を伝えることによって、相手の心は動きます。**ただし、その熱意に行動が伴わなければ、うわべだけの言葉になり、信頼は生まれません。** その意味でも、前項で解説した「次の具体的な行動」に言及することが大切です。

　逆に、熱意を疑われるきっかけになりかねない言葉もあります。次に例示するような言葉は使わないように、注意しましょう。

 Not good

　ご関心があれば、ご連絡ください。

　この文は提案側の姿勢が受け身であるような印象を与え、本気であることが疑われるもととなりかねません。

 Not good

　よいお返事をお待ちしております。

　提案している立場ならば、相手の返事をただ待っているという消極的な姿勢は評価されません。改善例ではオンラインミーティングを提案しています。待ちの姿勢ではなく、積極的に次の行動を提案しましょう。

改善例

　○○株式会社　△△様

　日頃は大変お世話になっております。株式会社◎◎の▽▽です。

　××サービスの新機能についてお問い合わせいただき、誠にありがとうございます。
　この新機能は、テレワーク実施中に不足しがちなメンバーのコミュニケーションを手軽に促進するためのものです。
　導入いただいたお客様からは、大変好評をいただき、活用されています。
　貴社にとってもお役に立つことと思います。

　機能についての資料を添付ファイルでお送りします。是非、一度、オンラインミーティングにて、ご説明させてください。ご都合のよいときにお時間を30分ほどいただけるとありがたいです。よろしければ、来週から再来週までのあいだで候補日時をいくつかお知らせください。

　ご検討のほど、どうぞよろしくお願いいたします。

8 共感を引き出すように表現する

現在のビジネスでは、ユーザーの共感を引き出すような表現をすることが、企業とユーザーとのつながりを作ります。共感につながる表現を工夫しましょう。

※次は、エンドユーザーに便利なサービスの使い方を紹介する文章の一部です。この文章にはどのような問題点があるのか、考えてみましょう。

→改善例は p.77

> **改善前**
>
> ユーザー登録をしましょう。[ユーザー登録]をタップして、画面に従って操作すると、クラウド利用のための登録が完了します。クラウド保存の際の保存先については、任意に設定できます。設定したフォルダーにおいて、画像や動画などのファイルを保存・管理できます。
> ファイルのクラウド保存ができない場合は、保存先フォルダーの設定が間違っている可能性があります。確認してください。

> **2-8-1　指示には「メリットの説明」「不安の解消」を伴わせる**

　ユーザーに便利な機能を説明し、使ってもらうための指示をするときに、一方的に登録をすすめることは効果的ではありません。「何のために登録するのか」がわかりません。**登録をすると、どのようなメリットがあるのかをわかりやすく伝えれば納得してもらえ、自分にとって役立つ情報を伝えてくれたという信頼につながります。**

 Not good

ユーザー登録をしましょう。　読み手が登録して得られるメリットの説明がない

 Good　　　　　　　　　　　　　　読み手にとってのメリットの説明をしている

クラウドを利用するために、ユーザー登録をしましょう。大量のデータを手軽に保存できるようになります。

　次に、**読み手にすでに不安を感じさせているかもしれないと推測される要素があるようなら、それを解消する説明も加えましょう。**たとえば、「ユーザー登録をしたらお金がかかるのではないか」といった不安が考えられます。このような、想定できる読み手の疑問や不安を解消するための情報が書かれていることで、安心感が生まれます。

　読み手の不安を解消する文章では、相手の気持ちに寄り添った表現になるように工夫します。マニュアルのような事実を中心にした割り切った表現に終始するのではなく、相手に語りかけるような表現も適宜入れましょう。

 Not good　　　　　　　　　　操作がよくわからず不安になる

　[ユーザー登録]をタップして、画面に従って操作すると、クラウド利用のための登録が完了します。

　　　　　　　　　　　　　　　　利用料金について説明がない

 Good　　　　　　　　　操作の簡単さを説明

　[ユーザー登録]をタップすると画面に表示される案内に従って、操作してください。手順は簡単です。ユーザー登録を完了すると、すぐに無料でクラウドを利用できるようになります。

　　無料で利用できる旨を説明

> ### 2-8-2　行動が見える言葉を使う

　技術的な文章では、「設定」や「管理」のような幅広い意味をもつ言葉を使いがちです。そのような言葉では具体的な行動が伝わらないことがよくあります。読み手にとって、書き手が遠い存在に感じられ、**説得力が弱い文章になりがちなのです。**

　「設定」であればどのような設定なのか、「管理」であればどのような管理なのか、読み手の具体的な行動に合わせた言葉に書き換えましょう。

 Not good　　　　　　「設定」や「管理」の意味がわかりにくい

　クラウド保存の際の保存先については、任意に設定できます。設定したフォルダーにおいて、画像や動画などのファイルを保存・管理できます。

Good フォルダー名の設定について説明している

クラウド保存の際の保存先フォルダーにわかりやすい名前を付けておく
と、ファイルの整理に役立ちます。また、画像や動画などのデータの種
類ごとにフォルダーに分けて管理すると、ファイルが見つけやすくなり、
便利です。

データ管理の方法と便利な点を説明している

> **2-8-3　ミスやトラブルをユーザーのせいにしない**

　読み手は、書き手の指示どおりに行動したつもりでも、書き手が想定した
結果にならないと不安になります。読み手の行動のどこかにミスがあるとし
ても、それを真正面から指摘すると、読み手は不安を解消する意欲をなくす
かもしれません。**読み手の共感を呼び、信頼を得るには、ミスを読み手のせ
いにしないで、正しい方向に導きましょう。**

🗨 Not good

ファイルのクラウド保存ができない場合は、保存先フォルダーの設定が
間違っている可能性があります。確認してください。

確認方法が書かれ
ていない

「間違っている」とユーザーのせいにしている

 Good 問題の解決法をユーザー視点で説明している

ファイルのクラウド保存ができない場合は、保存先のフォルダーが正し
く指定されているかを確認しましょう。画面上部の表示でフォルダーの
位置を確認し、指定し直してください。

　技術文書は、正しく、標準的な書き方で情報を読み手に伝えることが、何
より大切だと考えられてきました。ユーザーとのつながりを重視してサービ
スを提供する現在のような時代に至り、テクニカルライティングの分野では、
**状況によってはユーザーに語りかけるような文体で書くこともよいとされる
ようになってきました。**

　語りかけるような書き方は、特にユーザーが迷ったり、疑問に思ったりし

ていることの解決策を伝えるときなどに効果的です。

＋ プラスアルファ

感情を込めた表現を適度に使う

ユーザー登録が完了したときの、次の2つのメッセージ例を比べてみよう。

例1　ユーザー登録が完了しました。

例2　おめでとうございます！　ユーザー登録が完了しました。
　　　さっそく豊富なクリップアートをご利用ください😀

どちらも「ユーザー登録が完了した」という事実を伝える目的は果たしている。ユーザー登録という、やや面倒な作業を進めたユーザーが、画面のメッセージを読んで嬉しくなるのはどちらかを考えてみよう。「！」や絵文字など、従来のビジネス文書では御法度とされてきた表現も、グループウェアやメッセンジャーなどでは、使われるようになってきている。話し言葉やカジュアルな表現を使うと、相手の心を引き寄せる効果がある。状況と目的に合わせて工夫してみよう。

改善例

クラウドを利用するために、ユーザー登録をしましょう。大量のデータを手軽に保存できるようになります。

[ユーザー登録] をタップすると画面に表示される案内に従って、操作してください。手順は簡単です。ユーザー登録を完了すると、すぐに無料でクラウドを利用できるようになります。

クラウド保存の際の保存先フォルダーにわかりやすい名前を付けておくと、ファイルの整理に役立ちます。また、画像や動画などのデータの種類ごとにフォルダーに分けて管理すると、ファイルが見つけやすくなり、便利です。

ファイルのクラウド保存ができない場合は、保存先のフォルダーが正しく指定されているかを確認しましょう。画面上部の表示でフォルダーの位置を確認し、指定し直してください。

9 次の行動を書き加えて、評価につなげる

上司や人事担当者は、日頃のメールや報告書からも、仕事ぶりを評価しています。文章が下手で、評価を下げてしまうのはもったいないことです。最終の本節で紹介するのは、「伝わる」のはもちろんのこと、評価も得られる書き方です。

※次は、上司に提出するオンラインセミナー受講報告のメール文です。この文章のどこがどのようにわかりにくいのか、問題点を考えてみましょう。

→改善例は p.81

改善前

山田課長

お疲れ様です。田中です。
○月○日の△△社主催のオンラインセミナーを受講し、テレワークについて学びました。テレワークの形態も多様になっていることがわかりました。
この内容は、若手の社員は知っておくべきものだと思いました。
報告は以上となります。

> ## 2-9-1 何を学んだのか、具体的に示す

　ビジネスでは、日々、学びがあり、それらを業務に活用していくことが求められます。学びの機会を捉えられない人は、成長の意欲がないとの評価を受けるおそれがあります。

　改善前の文章では、テレワークについて**何を学んだのか、具体的な情報が不足しています**。セミナーを受講したことによって何を学んだのかといった、**読み手が知りたい情報を書けるかどうかが、評価につながるポイントとなります**。

 Not good

　○月○日の△△社主催のオンラインセミナーを受講し、テレワークについて学びました。

具体的な情報が不足している

👍 Good

○月○日の△△社主催のオンラインセミナー「新しい働き方とテレワーク」を受講しました。以下に報告いたします。

何を学んだのかを簡潔に伝える

内容：
- 企業のテレワーク導入動向
- テレワークでの生産性向上のポイント
- コミュニケーション促進の留意点

受講したセミナーの情報を具体的に記載する

> **2-9-2　事実をもとにして意見を書く**

　報告には、事実だけを書くことが重要と考えている人がいます。これは報告を受ける上司からすれば、必ずしも真実ではありません。事実ももちろん大切です。しかし、それだけでなく、次の図のように、**事実をもとに、どのように考えているのか意見を書くことで、業務への取り組みの姿勢を伝えることができます。**

 Not good

事実の説明が大雑把すぎる。意見が書かれていない

テレワークの形態も多様になっていることがわかりました。

👍 Good　　　　　　　　　　　　　知ることができた事実を書いている

「企業のテレワーク導入動向」で、業種ごとのテレワークでの業務の実態や働く場所やサービスの事例を知ることができ、テレワークの実施方法が多様になっていることがわかりました。
企業によっては、サテライトオフィスサービスを活用しています。従業員にとって魅力的で、生産性向上にもつながると思いました。

事実をもとに意見を述べている

> 2-9-3　他人事のように書かず、自分の行動に落とし込む

　書き手自身が若手であるにしても、改善前の「若手の社員は知っておくべきものだと思いました」という評論のような言葉で終わらせていては残念です。次の自分の行動を具体的に示さないのは、せっかくの学びの機会を他人事のように扱ったと受け取られかねません。

　たとえば、「若手の社員は知っておくべき」というだけではなく、「学んだ内容をほかの若手とどう共有するか」まで書かれているとよいでしょう。他人事としているような印象はなくなり、むしろ会社に貢献しようという意欲が感じられるものとなります。

 Not good　　　　　　　　他人事のようで、業務にどう生かすのか書いていない

この内容は、若手の社員は知っておくべきものだと思いました。

　👍 Good　　　　　　　　　自分(たち)の課題を導き出し、次の行動を示している

働き方の多様性と主体的な働き方を実現するために、他社の動向を知り、工夫していくことが有効です。受講レポートをチーム内で共有いたします。

> 2-9-4　積極性を伝えることで評価が高まる

　報告書や報告メールでは、最後の結びも大切です。改善前の文章では、「〜となります」という、まるで報告しているのは自分ではないかのような表現で終わっています。

　このような終わり方を改め、最後を積極性が伝わるような内容とすれば、読み終えたときの印象が大きく変わるものです。

　報告した内容から、次に自分はどのような行動をとっていくのかを伝えるとよいでしょう。

 Not good

報告は以上となります。　　　結びとして弱く、積極性が伝わらない

Good

「コミュニケーション促進の留意点」でも、すぐに実践できるヒントが
ありました。実行するためのアイデアがあります。近日中に相談させて
ください。

学んだことを生かして提案する意思を示し、アピールしている

改善例

山田課長

お疲れ様です。田中です。
○月○日の△△社主催のオンラインセミナー「新しい働き方とテレワー
ク」を受講しました。以下に報告いたします。

内容：
　　・企業のテレワーク導入動向
　　・テレワークでの生産性向上のポイント
　　・コミュニケーション促進の留意点

「企業のテレワーク導入動向」で、業種ごとのテレワークでの業務の実
態や働く場所やサービスの事例を知ることができ、テレワークの実施方
法が多様になっていることがわかりました。
企業によっては、サテライトオフィスサービスを活用しています。従業
員にとって魅力的で、生産性向上にもつながると思いました。

働き方の多様性と主体的な働き方を実現するために、他社の動向を知り、
工夫していくことが有効です。受講レポートをチーム内で共有いたします。

「コミュニケーション促進の留意点」でも、すぐに実践できるヒントが
ありました。実行するためのアイデアがあります。近日中に相談させて
ください。

よろしくお願いします。

チーム内での報告書共有と、効果的なレビュー

本節で例として挙げているのは上司宛ての報告書だが、チーム全員で共有すべき報告書もあるだろう。そうした報告書は、業務に関するノウハウを共有し、課題を見つけ出すきっかけになりうる。ただし、それぞれが自己流で書いていては、共有しにくい。チームとして次のような準備をしておいたうえで、グループウェアなどに各自が発信するとよいだろう。

> ・簡単に使えるようにテンプレートを作る
> ・ほかの人の報告書を読んで、参考になったら、レビューの際に
> 　ポジティブフィードバックするように取り決める

たとえば、Slackを使って、報告書を共有するのもひとつの方法だ。プロジェクトのワークスペースに、「＃報告書」のチャンネルを作っておくとよいだろう。

次のような流れで報告書の最終版をつくり、チームで保存・共有しよう。チーム全体の生産性アップにもつながるだろう。

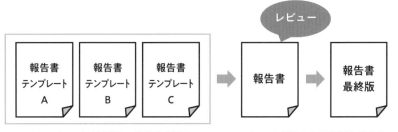

テンプレートを用意し、効率よく書く　　　レビューと修正した最終版を共有する

役に立った点や、よく書けている部分をコメントとしてポジティブフィードバックすると、チームのコミュニケーションがよくなるだけでなく、文章力の向上にもつながる。

マネージャーを目指す人が身に付けておきたい 文書作成力とレビュー力

　文書を作成するうえで、最も大切なのは、読み手のことをどれだけ意識できるかです。この意識が欠けていると、どんなに技術的に優れた内容の文書でも、読み手の納得や共感を得られない無意味な文書となってしまいます。

　マネージャーとは、現場の部下と異なり、一段高い目線で組織やプロジェクト全体を見渡す立場です。文書に関していえば、その文書の読み手（顧客など）をより深く理解していることが不可欠です。つまり、「読み手視点」で文書が作成できるかどうかが重要です。読み手はどのような人物（知識・技術レベル）か、読み手は何を知りたがっているのか、などを整理し、論理的に説明できるスキルが求められます。

　また、成長過程にある部下が「開発者視点」で、自分が知っていることや、自分が伝えたいことだけで文書を作成する場面も多いでしょう。それに対してマネージャーは、「読み手視点」でレビューするスキルが求められます。たとえば、読み手が知りたいであろうことを、概論や総論として表現できているか、読み手の技術レベルに合わせた要約文が書かれているか、などを適切に評価できることが大切です。

　マネージャー自身の文書作成力を向上させる（向上させ続ける）ことはもちろん、部下を育成するための「良きレビューアー」であることが大切です。

「伝わる」文書の構成と、Excel、PowerPoint 活用のコツ

わかりやすい文書を作るには、構成とその要素（箇条書き、図表など）の性質についての知識が不可欠です。

また、構成によっては Word 以外のアプリを活用することもあるでしょう。ここでは、文書の基本的な構成と、Excel、PowerPoint の活用のコツを紹介します。

1 文書の基本フォーマット

文書は伝えるべき情報を整理し、見やすいレイアウトで表現することが大切です。総論から各論の流れを意識した構成、情報の階層化、適切な見出し、箇条書きや図表の活用がポイントです。

> 3-1-1 文書の構成要素

ITエンジニアが作成する文書(報告書、仕様書、設計書など)には、多くの種類があり、目的や役割もさまざまです。それぞれの文書を構成する要素も異なります。下に示すのは、多ページの技術提案書など、掲載要素が非常に多い文書の構成例です。日常のビジネス文書を作るときにはこの中から都度必要とされる要素を掲載すればよい、と認識していれば、構成を考えやすくなります。次ページ以降では、この中で特に気を付けたい「見出し番号」「箇条書き」「図」「表」「要約文」について、解説していきます。

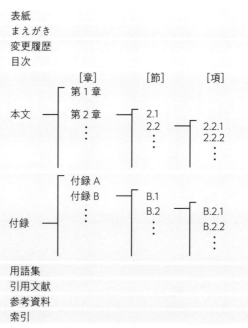

3-1-2 探しやすさ、読みやすさのための見出し番号

記事の説明位置や階層を明確にする場合は、見出しに番号を付けます。**探しやすさ、読みやすさの点から、3階層までの構成を推奨します。**

下記は、文書の構成要素ごとの番号の付け方の例です。

文書の構成要素		番号の付け方	例
表紙・変更履歴・まえがき・目次		番号は付けない	見出し
本文	章	第n章 またはn.(nはアラビア数字)	第1章　見出し 1.　　　見出し
	節	[章番号].[章内の節追番]	1.1 見出し
	項	[節番号].[節内の項追番]	1.1.1 見出し
	小見出し	番号は付けない	見出し
	図	図[章番号].[章内の図追番]	図1.1 見出し
	表	表[章番号].[章内の表追番]	表1.1 見出し
付録	付録の章	付録A(Aは英大文字)	付録A 見出し
	付録の節	[付録の章番号].[章内の節追番]	A.1 見出し
	付録の項	[付録の節番号].[節内の項追番]	A.1.1 見出し
	付録の小見出し	番号は付けない	見出し
	付録の図	付図[章番号].[その章内の図追番]	付図A.1 見出し
	付録の表	付表[章番号].[その章内の表追番]	付表A.1 見出し
用語集・引用文献・参考資料・索引		番号は付けない	見出し

3-1-3 わかりやすい箇条書きの作り方

箇条書きは、本文の内容を一つ一つの条項に分け、並べて記述する形式です。行頭に記号や数字を付けたあと、「文」または「名詞」を列挙します。文の場合は、名詞や代名詞で文末を結ぶ「体言止め」や動詞・形容詞・形容動詞で

文末を結ぶ「用言止め」を基本とし、どちらかに表現を統一しましょう。

　わかりやすさの点から、ひとまとまりの箇条書きの項目数は、できるだけ9項目以内とします。箇条書きの数が10以上になる場合は、グループ分けや階層分けを行います。階層分けを深くしすぎると、内容が複雑になるため、可能なかぎり2階層までにします。

　並列関係の項目を列挙する場合は、「●」や「・」などの行頭記号を使用します。

例）ページ制御では、1ページ当たりの印刷行数の最大値を指定します。
　　以下のダイアログボックスで指定できます。
● 「ページ印刷」ダイアログボックス
● 「印刷」ダイアログボックス

　順序に意味がある項目を並べる場合は、「数字とピリオドの組合せ」（1．2．3．……）を使用します。

例）ページ制御では、1ページ当たりの印刷行数の最大値を指定します。
　　以下の手順で指定します。
1．「ページ印刷」ダイアログボックスを表示します。
2．「印刷行数」に、1ページの印刷行数を指定します。
3．［適用］ボタンをクリックします。

> **3-1-4　手順や概念を図でわかりやすく表現する**

　図は、手順や概念などの内容を、図形、記号、線、矢印などを使用して視覚化し、わかりやすくまとめた表現です。「相互関係」「階層構造」「流れ」を説明するときに使用すると効果的です。

　図の番号と見出しは、JIS規格で定められているように、図の下に配置するのが一般的です。「図3.1.01」という図番号は、『第3章第1節の1つめの図』ということを表しています。図番号をつけておくことで、離れたページからでもその図について言及できるようになります。

図とその番号・見出しの例

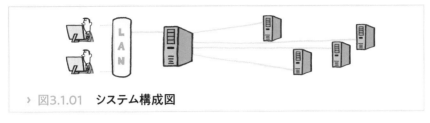

> 図3.1.01　**システム構成図**

＋ プラスアルファ

印刷物にならない電子データの場合の見出しは？

図の番号と見出しを図の下に配置する規格は、その文書が印刷物となることを前提にしたものといえる。文書の多くが電子データとなった今、必ずしも守らなければならない規格というわけではない。たとえば、ブラウザで表示する文書に複数ページにわたる図が挿入されていた場合、図の下に配置されていると、最後までスクロールしないと図の番号と見出しが確認できない。また、近年は、音声読み上げソフトの「ソースコードを上から読み上げる仕様」を考慮して、図の上に番号と見出しを配置する文書も増えている。

> 3-1-5　表の特長と効果

　表は、複数の情報をいくつかの項目に分類して、一覧の形にまとめた表現です。表の特長や効果として、以下の点が挙げられます。

- ・複数の要素について、関係を整理して表現できる
- ・数値や内容の違いを一覧表示して比較できる
- ・数値データのような確定情報を明示して、読み手の理解を促し、納得させることができる
- ・文章よりも少ないスペースで表現できる
- ・文章だけの単調な紙面に変化をつけ、読み手の興味を引くことができる

なお、表の番号と見出しは、表の上に配置するのが一般的です。

表とその番号・見出しの例

> 表3.1.01　**機能比較表**

番号	項目A	項目B	項目C
1	内容1	内容2	内容3
2	–	内容4	–
3	内容5	–	内容6

> **3-1-6　要約文を適切に配置する**

　章、節、項の構成、箇条書き、図や表の各要素には、それぞれに要約文（総論）を配置することが大切です。**読み手は、概要から詳細、総論から各論への流れによってわかりやすいと感じます。**

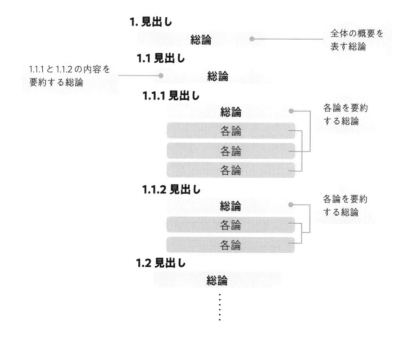

　箇条書きを使用する場合にも、何を書き並べたものなのかを表す要約文が必要になります。

箇条書きに要約文をつけた例

本グループウェアには、以下の４つの機能があります。
　・**メール機能**
　・**フォーラム機能**
　・**ライブラリ機能**
　・**スケジュール機能**

何の箇条書きかを示す要約文

　図表も同様です。視覚化したり、分類したりして情報を伝えることは大事です。しかし、**それらの情報やデータが何を表しているか、読み手に一目でわかるようにしなければなりません**。図表で伝えたいことを要約し、図表の前に明記しておきましょう。

図（グラフ）に要約文をつけた例

今期は、○○の売上が150％増加していることがわかります。逆に××の売上は出荷遅延の影響で50％に落ち込んでいます。

図表で伝えたいことの要約文

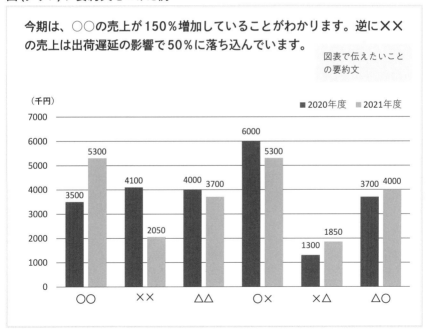

91

2 メールを読みやすくするコツ

メールは、私たちが構成を気にしながら作る最も日常的な文書でしょう。第2章で「テクニック」の説明のための題材としてメール文を取り上げていますが、ここでは、メールそのものをテーマとしてその構成と書き方を学びましょう。

> 3-2-1 メールの基本的な構成／フォーマット

ITエンジニアが日々の業務でやり取りするメールは、作業の依頼や指示、企画や提案など、業務に密着した技術的な内容が多くなります。したがって、チャットやメッセンジャーとは異なり、**メールもビジネス文書と位置付け、基本的な構成やフォーマットを守って整然と書く**ことが重要です。

一般的には、以下のような構成になります。

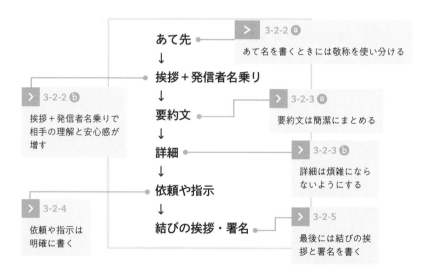

> 3-2-2 あて先・挨拶＋発信者名乗りの書き方

ⓐ あて先を書くときには敬称を使い分ける

あて先は、相手が社外の場合、会社名と部署名、名前＋敬称「様」で表し

ます。相手が社内の場合、「○○課長」や「さん」付けで書きます。**自分との関係性を考えて、相手に失礼のない敬称を使い分けましょう。**

b 挨拶＋発信者名乗りで相手の理解と安心感が増す

挨拶は、社外に送る場合は「お世話になっております」、社内の場合は「お疲れさまです」が一般的です。

名乗りは、文末に署名があっても、相手に不信感を与えずに読んでもらうために最初に書くべきです。また、**相手が自分のことを既知であるかどうかを考慮します。初めての場合は、担当業務などを付記すると相手の理解と安心感が増します。**

あて先・挨拶＋発信者名乗りの書き方の例
社外の場合

👍 Good

株式会社○○○○　　　会社名と部署名を書き、相手の
情報システム部 ▽▽様　名前に敬称を付ける

いつもお世話になっております。
株式会社△△△△で、貴社のインフラ構築のサポートを担当している
××と申します。

社内の場合

👍 Good

第1営業部 ○○部長　　自分との関係性を考えて、役職や
　　　　　　　　　　　「さん」などの敬称を使い分ける

お疲れさまです。
サポート技術部の××です。

> 3-2-3　要約文・詳細の書き方

要約文から詳細への展開は、わかりやすいメールを書くうえで特に重要で

す。相手は、メールの内容を効率的に理解したいと考えているものです。メッセージを隅々まで読まないと要旨が伝わらないのでは不満が高まります。

ⓐ 要約文は簡潔にまとめる

要約文は、伝えたいことの最も重要な部分であり、**短文で簡潔にまとめることが鉄則**です。これによって、**相手はその先の詳細を読む必要があるかどうか判断**できます。

第1章第5節の「重要な内容を先に伝える」を参照して、その意義を確認してください。

ⓑ 詳細は煩雑にならないようにする

詳細は、煩雑にならないように、箇条書きでまとめるなど工夫すると、わかりやすくなります。

要約文・詳細の書き方の例

 Good

定例の情報共有会を開催します。
開催予定日は、9月13日です。日程を調整のうえ、ご参加いただけますようお願い申し上げます。

煩雑にならないように箇条書きにまとめる

・本会議に、新任幹部社員の×××が同席してもよろしいでしょうか。
　現状把握のために、本会議への出席は有効だと思います。
・本会議は、対面での開催が望ましいと考えます。
　今回は、情報共有ではなく、新システムの企画検討があり、
　議論や質疑応答が多くなると予想されるからです。

> **3-2-4 依頼や指示の書き方**

依頼や指示、今後のアクションがあれば、**「いつまでに・誰が・何を・どうやって」を明確に書かない**と、双方の間に誤解が生じる恐れがあります。特に、期日がある場合は「〇月〇日までに」と具体的に書きます。分担があ

る場合は「(そのアクションは)××がします」と主語を明確に書きます。

　また、アクションを「調整してください(調整します)」「検討してください(検討します)」などと表現するケースが多くありますが、「調整後にメールで返信してください」「検討結果を次の会議でご提示ください」など、**一歩踏み込んで、より具体的な表現にするよう心がけましょう。**

依頼や指示の書き方の例

 Good

いつまでに

なお、日程に関して不都合などがありましたら、9月6日までにご連絡ください。関係者の都合を考慮しながら、こちらが日程を再設定し、連絡いたします。

誰が　　何を　　どうやって

3-2-5　結びの挨拶・署名の書き方

　メールの最後は、結びの挨拶でしっかりとまとめます。「引き続きよろしくお願いいたします」「ご協力いただけますよう、よろしくお願いいたします」などの表現を適宜使い分けます。

　署名の挿入は、多くのメールソフトの機能として備わっています。所属・名前・メールアドレス・電話番号・自社WebサイトのURLなどを書きます。

結びの挨拶・署名の書き方の例

 Good

今後ともよろしくお願いいたします。

株式会社△△△△△
IT推進部 インフラ構築プロジェクト ×××××
xxxxxxx@xxxxxx.com
xx-xxxx-xxxx(内線：xxxx-xxxx)
www.xxxxx.com/jp

多くのメールソフトには自動で署名を挿入する機能がある

基本構成を守り、要約文と詳細を分け、今後のアクションを明確にしたわかりやすいメールの文面例を挙げます。

株式会社 ○○○○
情報システム部 ▽▽様

初めての相手なら、担当業務を付記
すると相手の理解と安心感が増す

いつもお世話になっております。
株式会社△△△△で、貴社のインフラ構築のサポートを担当しているxx
と申します。

要約文は、短文・簡
潔・明瞭に表現する

定例の情報共有会を開催します。
開催予定日は、9月13日です。日程を調整のうえ、ご参加いただけます
ようお願い申し上げます。

詳細は、要約文のあとに1行空け、箇
条書きを用いて書くと読みやすい

・本会議に、新任幹部社員の×××が同席してもよろしいでしょうか。
　現状把握のために、本会議への出席は有効だと思います。
・本会議は、対面での開催が望ましいと考えます。
　今回は、情報共有ではなく、新システムの企画検討があり、
　議論や質疑応答が多くなると予想されるからです。

なお、日程に関して不都合などがありましたら、9月6日までにご連絡
ください。関係者の都合を考慮しながら、こちらが日程を再設定し、連
絡いたします。

依頼や指示、今後のアクションは、
「いつまでに・誰が・何を・どう
やって」を明確に示す

今後ともよろしくお願いいたします。

株式会社 ∧∧∧∧
IT推進部 インフラ構築プロジェクト xxxxx
xxxxxxx@xxxxxx.com ／ xx-xxxx-xxxx（内線：xxxx-xxxx）
www.xxxxx.com/jp

✚ プラスアルファ

丁寧さを大事にしつつ、簡潔で明瞭な文面を心がける

過剰にへりくだった敬語や、回りくどい表現を多用して、一見「丁寧に書いている」と思えるメールが散見される。このようなメールは、かえって要旨がぼやけたり、依頼や指示が伝わりにくくなる。また、丁寧すぎる言い回しが誤用にあたることがあるので、ご注意を。

基本構成を守り、要旨と詳細を分け、今後のアクションを明確に示せていれば、わかりやすいメールの要件は満たされる。

これを機に、自身の書くメールの文面が過不足なく要件を満たしているか、改めてチェックしてみるとよい。

👎 Not good ── 「見る」の謙譲語である「拝見する」と、「〜させていただく」という謙譲語の二重敬語となっている

見積書を拝見させていただきました。

👍 Good

見積書を拝見しました。

ほかにも、次のような例が挙げられる。

👎 Not good

ご覧になられましたでしょうか。

👍 Good

ご覧になりましたでしょうか。

ビジネスメールに敬語は不可欠だが、正しい使い方をしないと逆効果になりかねないので注意が必要である。

3 Excelの ワークシート作成のポイント

表計算ソフトのExcelを文書作成に利用しているケースは少なくありません。表やグラフなどのデータが大部分を占める文書の場合、文書作成ソフトのWordよりもExcelのほうが効率的に作成できます。

> 3-3-1 Excel活用の利点

　製品マニュアル、仕様書、設計書などの技術文書を作成する際は、Wordを活用するのが適しているといえます。Wordは、段落、行間の自動調整、目次の自動作成、誤字脱字を防ぐ文章校正など、文書作成に特化した機能が豊富です。

　一方、**数値データを扱う見積書、経費明細、各種報告書や、定型フォーマットの申請書、顧客リストなどは、Excelを活用することで、効率よく文書を作成できます。**

Excelで作成した文書例

> ### 3-3-2　表・グラフ中心の文書の効率的な作り方

　表やグラフが中心で、そこに文字で構成される要素が混在しているような文書を作成する際には、Excelを活用する利点が実感できます。たとえば、ある数値データがあった場合、まず表形式にデータをまとめ、表のデータからグラフを作成し、そこに文章を追加していく、といった手順で作成すると、効率的に文書作成を進めることができます。

文書作成の手順例

① 表データを作成する

■関東エリア 売上推移 (千円)

	4月	5月	6月	7月	8月	9月	計
2021年度上半期	12,500	11,900	14,600	17,800	13,500	12,100	82,400
2020年度上半期	9,900	11,000	11,500	12,200	12,100	11,900	68,600
前年比	1.263	1.082	1.270	1.459	1.116	1.017	1.201

■関西エリア 売上推移 (千円)

	4月	5月	6月	7月	8月	9月	計
2021年度上半期	8,700	8,800	8,900	9,700	9,900	9,700	55,700
2020年度上半期	9,800	11,000	12,400	11,200	11,500	12,300	68,200
前年比	0.888	0.800	0.718	0.866	0.861	0.789	0.817

② グラフを作成する

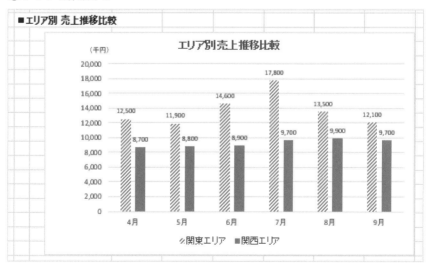

■エリア別 売上推移比較

③ 報告書に必要な要素、文書の目的などのリード文を作成し、表とグラフを配置してレイアウトを整える

	A	B	C	D	E	F	G	H	I	J	K
1	関係各位										
2									ビジネス推進課 ○○○○		
3											
4				2021年度上半期 売上推移報告書							
5											
6		2021年度上半期における売上の集計が完了したのでご報告します。									
7											
8		全体的な傾向としては、関東エリアの売上が好調で、前年と比較して約120%の伸長を示しています。									
9		一方、関西エリアの売上は、予測を若干下回り、前年と比較して約80%に落ち込みました。									
10		要因分析の結果は、別途ご報告します。									
11											
12		以下に、2021年度上半期の売上推移を前期と比較しながら示します。									
13		併せて、エリア別の売上推移の比較を示します。									

> ### 3-3-3 行頭・行間の設定で見やすくレイアウト

　Excelでは、「列」が行頭を合わせる単位になります。

　行間も、Excelの「行」そのものを空行と考えれば、簡単にレイアウトを整えることができます。ただし、1行ごとに改行が必要であったり、行末が不揃いになったりするデメリットもあります。

書き始めたい位置（行頭）からすぐに入力できる

行間を空けたい場合は、何も入力しない行を挿入

	A	B	C	D	E	F	G	H
1	関係各位							
								ビ
4				2021年度上半期 売上推移報告書				
5								
6		2021年度上半期における売上の集計が完了したのでご報告します。						
7								
8		全体的な傾向としては、関東エリアの売上が好調で、前年と比較して約120%の伸長を示していま						
9		一方、関西エリアの売上は、予測を若干下回り、前年と比較して約80%に落ち込みました。						
		要因分析の結果は、別途ご報告します。						
		以下に、2021年度上半期の売上推移を前期と比較しながら示します。						
		併せて、エリア別の売上推移の比較を示します。						
14								
15		■関東エリア 売上推移						
16				4月	5月	6月	7月	8月
17			2021年度上半期	12,500	11,900	14,600	17,800	13,500
18			2020年度上半期	9,900	11,000	11,500	12,200	12,100
19			前年比	1.263	1.082	1.270	1.459	1.116
20								
21		■関西エリア 売上推移						
22				4月	5月	6月	7月	8月
23			2021年度上半期	8,700	8,800	8,900	9,700	9,900

3-3-4 複雑な表は「Excel方眼紙」で

　セルを「正方形」の形に調整し、まるで「方眼紙」のような使い方をすれば、罫線が入り組んでいる複雑な表を簡単に作成することができます。

罫線が入り組んだ表も簡単に作成できる

✚ プラスアルファ

「Excel方眼紙」は便利？　本来の目的から逸脱？

Excelをあたかも「方眼紙」のように活用する方法は、複雑な表も簡単に作成でき、非常に便利な使い方だと思える。

しかし、表計算やデータの集積分析、グラフ作成などの「本来の目的」に反する使い方には、以下のような問題点を指摘する声も多々ある。

・再利用や編集が面倒

・他人と共有しづらくなる

・ほかのソフトとの連係が不可能

Excel方眼紙推奨派と「Excel方眼紙＝邪道な使い方」と捉える否定派との議論は、これからもしばらく続くだろう。

本書でその是非を問うことはしないが、重要なのは、作成する文書の内容が方眼紙に向いているか、その文書を共有する相手がいるか、相手にとって取り扱いやすい形式なのかといったことを十分に考慮することだ。自身の文書作成の便利さ、効率性だけを求めるのではなく、内容や読み手のことを忘れないようにしよう。

　独自に作成した請求書、見積書など定型フォーマットの文書は、Excelに限らずテンプレートとして保存し、共有することができます。特に使用頻度の高い文書であれば、業務効率アップや作成時のミス削減につながります。

　テンプレートで保存しておけば、次に文書を作成する際に以前のデータをクリアする必要はありません。新たなデータだけを入力すればよいので、短時間で文書を作成できます。なお、入力漏れを防ぐために、項目名を太字にして強調したり、「入力必須」などの文字を付記したりするとよいでしょう。また、入力ミスを防ぐために、入力値をドロップダウンリストから選択する形式にする、などの工夫も有効です。

　以下に、テンプレート保存の手順を示します。

① テンプレートとして保存したい文書を作成する。データは入力しない

② [ファイル]メニューの[名前を付けて保存]を選択する

　→[名前を付けて保存]ダイアログボックスが表示される

③ [ファイル名]にテンプレートにしたいファイルに付ける名前を入力する

④ [ファイルの種類]から[Excelテンプレート]を選択する

　→テンプレートの保存場所が自動で[ドキュメント]の[Officeのカスタムテンプレート]になる

⑤ [保存]を選択する

次回以降は、保存したテンプレートを開いて［Excelブック］として文書を作成します。

以下に、テンプレートを開く手順を示します。

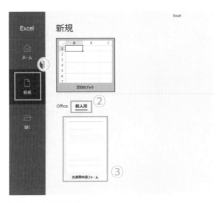

①Excelを起動し、［新規］を選択する

②［個人用］を選択する

③テンプレートとして使いたい文書を選択する

4 スライド作成のポイント

PowerPoint を文書作成ソフトとして活用するケースも多くあります。
Word や Excel で文書を作成する場合との違い、PowerPoint ならではの利
点や工夫すべき点について説明します。

3-4-1 PowerPointの活用シーン

　PowerPoint は、プレゼンテーション用のスライドを作るアプリケーショ
ンですが、「文書作成ソフト」としても活用されています。**図表や写真を多
用する文書を作るのに使い勝手がよく、企画書、地図、組織図など、あらゆ
る種類の文書を手早く美しく仕上げることができます**。要点を箇条書きで示
したものや、グラフや図表をメインに掲載した文書に適しています。

PowerPointで作成した文書例

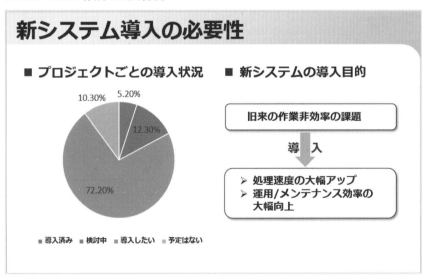

　PowerPointは、WordやExcelと異なり、「スライド」という単位で文書を作成するので、PowerPointに特化した工夫すべきポイントがあります。

　次項以降で詳しく説明します。

> ### 3-4-2　書式を統一して内容を伝わりやすくする

　スライドの書式を統一することで、読み手は情報を整理しやすくなり、内容も伝わりやすくなります。

　スライド内のタイトル、見出し、文字・図・表などを統一して配置し、見やすさと読みやすさを考慮します。**使用する色(テーマカラー)が多すぎると****まとまりのない印象になりやすいので、2色か3色程度に抑える**のがよいでしょう。

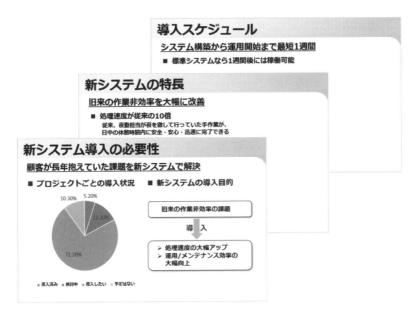

①「スライドマスター」機能を活用する

　スライドの書式統一には、「スライドマスター」機能を活用することをおすすめします。スライドマスターとは、スライドの背景の色、文字サイズ、プレースホルダーの位置など、スライド内部の書式を管理しています。スラ

イドマスターを活用し、必要に応じて書式をアレンジすれば、統一感のある
スライドを効率的に作成することができます。

②「プレースホルダー」を活用する

　「プレースホルダー」とは、スライド内の点線の枠で囲まれた、文字やオ
ブジェクトを入力したり配置したりする領域のことをいいます。スライドの
レイアウトによって、「タイトルとコンテンツ」などのさまざまな組み合わ
せがあります。

　「プレースホルダー」を活用すれば、タイトルや本文のテキストの入力領
域が設定されているため、整然としたレイアウトで文字を入力できます。箇
条書きの階層も効率的に設定できます。

スライド「タイトルとコンテンツ」

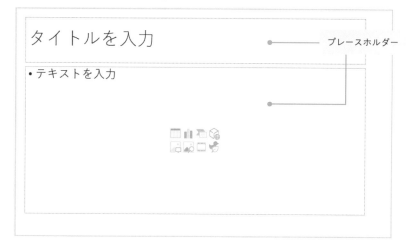

> **3-4-3　フォントの種類とサイズの統一**

　**フォントを文書内で統一させることは、基本中の基本です。文書内でいく
つものフォントを使うことは避けましょう。**PowerPointで読みやすいと推
奨されているフォントには、Windowsの場合、「メイリオ」や「游ゴシック」
があります。

　フォントサイズもバラバラになっていると、読みにくい印象を与えてしまいます。使用するフォントのサイズを「タイトル・見出し・小見出し・本文」の4つ程度に分けて、それぞれのサイズを決めておきます。

フォント例

メイリオ	游ゴシック
字あ　Windows　1234567890 　　　スライドで見やすいフォント **字あ　Windows　1234567890** **　　　スライドで見やすいフォント**	字あ　Windows　1234567890 　　　スライドで見やすいフォント **字あ　Windows　1234567890** **　　　スライドで見やすいフォント**

フォントサイズ例

タイトル：36ポイント

見出し：24ポイント

小見出し：20ポイント

本文：16ポイント

新機能の特長

顧客が長年抱えていた課題を新機能で解決

■ 処理速度が従来の10倍
従来、夜勤担当が夜を徹して行っていた手作業が、
日中の休憩時間内に安全・安心・迅速に完了できる

■ メンテフリーの効率運用
稼働ログの採取と手動による分析が、すべて自動化され
ラクラク運用を実現し、保守工数・費用ともに削減

> 3-4-4　視線の動きへの配慮

　通常、人の視線は「左から右へ」「1段下がって再び左から右へ」と流れていきます。**スライド全体に対しては「Z」の形に視線が移動します。**

　スライド内に複数の情報をレイアウトするときは、この流れに沿うようにすることが大切です。そうすれば、意図したとおりに内容を読んでもらうことができ、かつ「理解しやすい」スライドに仕上げられます。逆に、視線の動きがバラバラになったり、移動が増えたりすると、読みにくい文書になります。

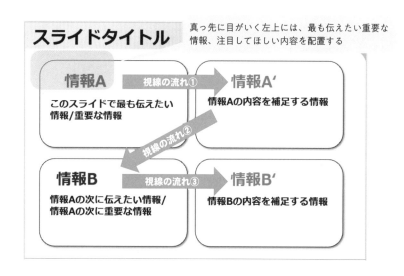

真っ先に目がいく左上には、最も伝えたい重要な情報、注目してほしい内容を配置する

　1枚のスライドに詰め込みすぎると、1枚あたりの情報量が多すぎて理解しにくくなったり、視認性を損なって見にくくなったりします。**できるだけ、1枚のスライドに入れるテーマは1つにしましょう。**これは、特に技術的に込み入った内容のスライドを作るとき、ぜひ守りたい原則です。

　「1つのテーマ」自体のボリュームが多い場合は、それを複数枚のスライドに細分化します。その場合にはスライドのタイトルの付け方を工夫して、それらが同じテーマであることを明確にします。

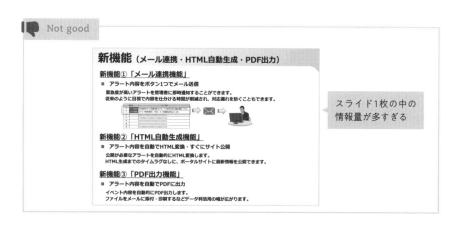

👍 Good

新機能③ 「PDF出力機能」
新機能② 「HTML自動生成機能」
新機能① 「メール連携機能」
アラート内容をボタン1つでメール送信
■ 緊急度が高いアラートを管理者に即時通知することができます

1つのテーマで、スライド
が複数になる場合は、内容
がわかるように工夫する

> 3-4-6 一目で内容が把握できるタイトルに

　読み手はまず、スライドのタイトル（表題）を見て、内容の概要を把握し、優先順位や重要度を見極めます。**タイトルとは、伝える内容を最も凝縮した要約である、ということを忘れないようにしましょう。**

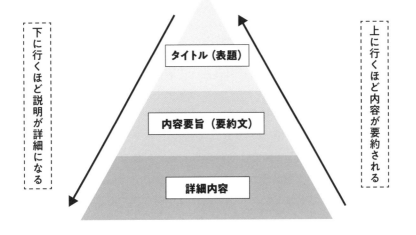

下に行くほど説明が詳細になる

タイトル（表題）

内容要旨（要約文）

詳細内容

上に行くほど内容が要約される

認知工学からみた紙文書と電子文書

　文書の「伝わりやすさ」は、正しい文法、平易で無駄のない表現だけでなく、文字の種類やサイズ、太さ、行間などの「可読性」や、ビジュアル的な見やすさの「視認性」などによってももたらされます。そうした可読性や視認性に関する配慮に、認知工学上の研究や考察が寄与している例は、よく見られます。本章第1節で紹介した「箇条書きの項目数は9項目以内に」は、その際たるものといえます。

　よく知られているとおり、昨今の働き方改革やDX化の動きに伴い、文書の「ペーパーレス化」が急加速しています。ペーパーレス化が、コストの削減、業務効率の向上などの大きなメリットをもたらすことに、疑いの余地はありません。しかし、前述の認知工学の観点からは、意外な研究結果が出ています。たとえば、紙の手帳にスケジュールを書き込むと、PCやタブレットで入力したときよりも短時間で記憶でき、思い出す際に脳の活動が高まるということ。また、会議におけるプレゼンテーション資料は、画面で見ていた人より紙で見ていた人のほうが内容をよく覚えていた、計算の間違い探しでは、電子文書で行った人よりも紙で行った人のほうが正答率は高かった、などの結果も出ています。どうやら、現状では、人間の認知との相性に限っていえば、紙のほうがいまだ優勢といわざるをえないようです。

　とはいえ、業務全体の都合からいえば、電子のほうが多くの場面で有用で、コロナ禍で拍車がかかったDX化の動きが止まることは、到底考えられません。「必要は発明の母」といわれるとおり、この「人間の認知と電子文書の相性の問題」も、いずれ、何らかの形で技術により乗り越えられていくでしょう。ITエンジニアである本書読者の中に、このブレイクスルーの担い手がいるかもしれませんね。

CHAPTER

4

一般的なビジネス文書テンプレートと書き方の肝

この章では、「議事録」や「週報」といった、一般的なビジネス文書でありながら IT エンジニアもよく作成する機会のある書類のテンプレートを紹介します。それぞれの文書の書き方の肝を、良い例の Good、良くない例の Not good といった具体例を示しながらわかりやすく解説します。

SECTION

1 社内ミーティング議事録

社内ミーティングの議事録では、ミーティングで決まったことを、手早く、簡潔にまとめます。開催概要は箇条書きにし、コンパクトにまとめましょう。議事内容も箇条書きを使い、何をすべきかがスピーディーに伝わるように書きましょう。

> ## 4-1-1 テンプレート

※このテンプレートは、PDF形式や印刷した状態にて関係者で共有することを想定し、作成したものです。

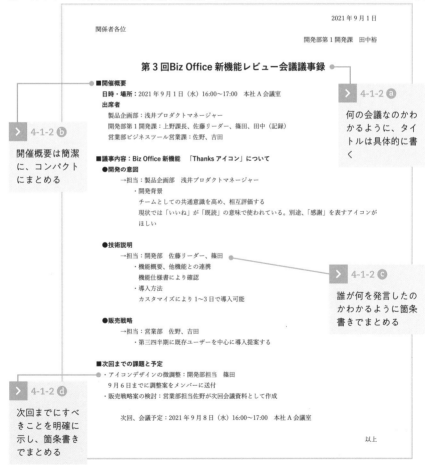

2021年9月1日

関係者各位

開発部第1開発課　田中裕

第3回Biz Office 新機能レビュー会議議事録

■開催概要
日時・場所：2021年9月1日（水）16:00～17:00　本社A会議室
出席者
製品企画部：浅井プロダクトマネージャー
開発部第1開発課：上野課長、佐藤リーダー、篠田、田中（記録）
営業部ビジネスツール営業課：佐野、吉田

■議事内容：Biz Office 新機能　「Thanks アイコン」について
●開発の意図
→担当：製品企画部　浅井プロダクトマネージャー
・開発背景
チームとしての共通意識を高め、相互評価する
現状では「いいね」が「既読」の意味で使われている。別途、「感謝」を表すアイコンがほしい

●技術説明
→担当：開発部　佐藤リーダー、篠田
・機能概要、他機能との連携
機能仕様書により確認
・導入方法
カスタマイズにより1～3日で導入可能

●販売戦略
→担当：営業部　佐野、吉田
・第三四半期に既存ユーザーを中心に導入提案する

■次回までの課題と予定
・アイコンデザインの微調整：開発部担当　篠田
9月6日までに調整案をメンバーに送付
・販売戦略案の検討：営業部担当佐野が次回会議資料として作成

次回、会議予定：2021年9月8日（水）16:00～17:00　本社A会議室

以上

4-1-2 ⓐ

何の会議なのかわかるように、タイトルは具体的に書く

4-1-2 ⓑ

開催概要は簡潔に、コンパクトにまとめる

4-1-2 ⓒ

誰が何を発言したのかわかるように箇条書きでまとめる

4-1-2 ⓓ

次回までにすべきことを明確に示し、箇条書きでまとめる

> ## 4-1-2 書き方の肝

ⓐ 何の会議なのかわかるように、タイトルは具体的に書く

ミーティングや会議の議事録は、あとから「何が決まったのか」「自分は何をすべきか」を各自が確認して活用するためのビジネス文書です。**タイトルは、一目で何の議事録なのかがわかるように付けましょう。会議の目的やプロジェクト名を盛り込んで書きます。**

また、連続して開催される会議では、「第○回」と回数を付けておくと、議事録の順番がわかりやすくなります。

 Not good

議事録

何の議事録なのか
がわからない

キーワードとしてプロジェ
クト名なども入れる

 Good

第3回 Biz Office 新機能レビュー会議**議事録**

連続して開かれているミーティ
ングの場合は、回数を書くと、
あとから確認しやすくなる

具体的に会議名
を書く

ⓑ 開催概要は簡潔に、コンパクトにまとめる

会議の開催概要部分は、コンパクトにまとめましょう。重要な部分である議事内容へと読み進めやすくなります。

また、出席者名については、一般的に社内文書では「さん」といった敬称は付けません。

Not good

■開催概要
日付：2021年9月1日(水)
時間：16:00〜17:00

> 日付と時間は、「日時」
> にまとめて1行にする

場所：本社A会議室
出席者
　製品企画部：浅井プロダクトマネージャー

> 社内のメンバーに「さ
> ん(敬称)」は不要

　開発部第1開発課：上野課長、佐藤リーダー、篠田さん、田中(記録)
　営業部ビジネスツール営業課：佐野さん、吉田さん

Good

■開催概要

> コンパクトにまとめる

日時・場所：2021年9月1日(水)16:00〜17:00　本社A会議室
出席者
　製品企画部：浅井プロダクトマネージャー
　開発部第1開発課：上野課長、佐藤リーダー、篠田、田中(記録)
　営業部ビジネスツール営業課：佐野、吉田

> 敬称は省略する

⦿ 誰が何を発言したのかわかるように箇条書きでまとめる

**会議の発言者が誰で、何を発言したのかがわかるように箇条書きで整理す
るとよい**でしょう。必要があれば、発言のポイントを「開発背景」といった
キーワードとしてまとめると、発言内容が理解しやすくなります。

Good

●開発の意図

> 誰が何を発言した
> のかを簡潔に書く

　→担当：製品企画部　浅井プロダクトマネージャー
　　• 開発背景
　　　チームとしての共通意識を高め、相互評価する
　　　現状では「いいね」が「既読」の意味で使われている。別途、
　　　「感謝」を表すアイコンがほしい

ⓓ 次回までにすべきことを明確に示し、箇条書きでまとめる

会議で議論した内容をもとに、**次回までに、誰が、何をすべきなのかが明確にわかるように書きます**。短い文の箇条書きでまとめるとよいでしょう。

👍 Good

■次回までの課題と予定

- アイコンデザインの微調整：開発部担当　篠田
  9月6日までに調整案をメンバーに送付
- 販売戦略案の検討：営業部担当佐野が次回会議資料として作成

担当者名と、いつまでに何をすべきかを整理して書く

➕ プラスアルファ

手書きでメモを取るのが苦手な人へのアドバイス

会議の議事録作成に関してよく聞く悩みが、「メモがうまく取れない」というものだ。メモを取っているうちに、次の議題に進んでいたり、聞き逃したりして、うまく記録できない人は多い。特にデジタル世代は、その場で手書きのメモを取るような経験が少なく、話を聞きながら紙に書きつけることを難しいと感じる人もいるようだ。

このようにメモを取ることが苦手と感じるなら、使い慣れたツールを使うことをおすすめしたい。たとえば、会議中の発言はパソコンやタブレット、スマートフォンでキーワードだけを入力しておき、その間をつなぐ言葉は会議が終わった直後の記憶が鮮明なうちに補足しよう。聴き洩らしがないか不安な場合は、スマートフォンやICレコーダーを使って録音しておき、あとで記憶があいまいな部分だけを確認して入力するのもひとつの方法だ。最初から聞き直してまとめるよりも、効率的に仕上げることができるだろう。

2 顧客とのミーティング議事録

顧客とのミーティング議事録は、何が決まり、次は誰が何をするのか、各自の役割が明確に伝わるようにまとめます。議事内容を書く際は、見出しを付けて情報を整理しましょう。このテンプレートでは、罫線を使って項目を整理し、読みやすくしています。

> 4-2-1 テンプレート

※このテンプレートは、PDF形式や印刷した状態にて関係者で共有することを想定し、作成したものです。

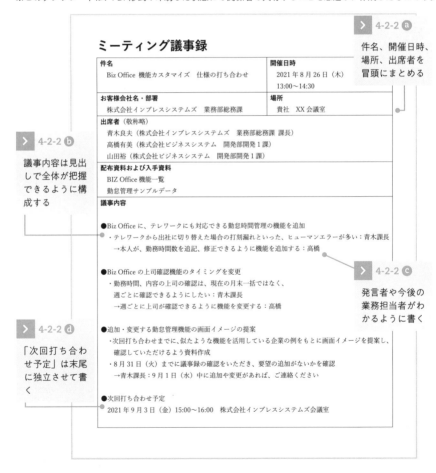

> 4-2-2 ⓐ
件名、開催日時、場所、出席者を冒頭にまとめる

> 4-2-2 ⓑ
議事内容は見出しで全体が把握できるように構成する

> 4-2-2 ⓒ
発言者や今後の業務担当者がわかるように書く

> 4-2-2 ⓓ
「次回打ち合わせ予定」は末尾に独立させて書く

> 　4-2-2 　書き方の肝

ⓐ件名、開催日時、場所、出席者を冒頭にまとめる

　ミーティングの概要として、**「何のために、いつ、どこで、誰が出席したのか」といった情報を冒頭にまとめて書きます。**顧客とのミーティング議事録は、顧客にも提出します。どのミーティングの議事録なのかが一目でわかるように整理しておきましょう。

　出席者の氏名は、一般的に顧客の名前でも「様」は付けません。敬称を省くという意味の「（敬称略）」を記載します。顧客の役職名は記載します。

ミーティング議事録

件名は内容がわかる
ように具体的に書く

「いつ」にあたる
開催日時を書く

件名 Biz Office 機能カスタマイズ　仕様の打ち合わせ	開催日時 2021年8月26日(木) 13:00 〜 14:30
お客様会社名・部署 　株式会社インプレスシステムズ　業務部総務課	場所 　貴社　XX会議室
出席者(敬称略) 　青木良夫(株式会社インプレスシステムズ　業務部総務課　課長) 　高橋有美(株式会社ビジネスシステム　開発部開発1課) 　山田裕(株式会社ビジネスシステム　開発部開発1課)	

氏名の「敬称」は
つけずに省略する

ⓑ議事内容は見出しで全体が把握できるように構成する

　「議事内容」については、読み手が素早く情報を読み取れるように、見出しを付け情報を整理しましょう。整理の仕方には、（1）決定事項と未決事項に分けて今後の予定を付け加えるパターンと、（2）テンプレートのようにトピックごとに分けるパターンがあります。トピックごとにまとめる場合は、見出しにキーワードを盛り込んで、詳細を読まなくても概要がわかるように書きます。

▼議事内容のまとめ方のパターン

(1) 決定、未決で分ける

> ●決定事項
> ●未決事項
> ●今後の予定

(2) トピックごとにまとめる（文書例）

> ● Biz Officeに、テレワークにも対応できる勤怠時間管理の機能を追加
> ● Biz Officeの上司確認機能のタイミングを変更
> ●追加・変更する勤怠管理機能の画面イメージの提案

c 発言者や今後の業務担当者がわかるように書く

　顧客や社外の関係者とのミーティングの場合は、出席者があとから確認しやすいように、要望と提案を整理します。 どのように対応するのか、下の例のように矢印を使って関係性がわかるように整理するのもよいでしょう。

👍 Good

> ● Biz Officeに、テレワークにも対応できる勤怠時間管理の機能を追加
> ・テレワークから出社に切り替えた場合の打刻漏れといった、ヒューマンエラーが多い：青木課長　　発信者名・担当者名を記載している
> 　→本人が、勤務時間数を追記、修正できるように機能を追加する：高橋
> 　矢印を使い、対応する作業について記載している

➕ プラスアルファ

発言者がわかるように記載する

出席者の発言内容をあとから確認できる記録が必要な場合は、次のように、会議の流れがわかるように発言者名を入れて記載しよう。

　青木課長：○○○○（発言内容を記載）
　高橋：△△△△
　一同：（拍手にて承認）

ⓓ「次回打ち合わせ予定」は末尾に独立させて書く

　何度か回数を重ねているミーティングでは、次回の予定をミーティング時に確認したり、決めたりすることが多いでしょう。**決まった日時は、議事録の末尾に独立させて書きます。**文章の途中に入っていると、情報が探しにくくなります。「年月日」と「時間」「場所」を明確に書き、一目で確認できるように配慮しましょう。

 Not good　　文章の途中に入ってくるとわかりにくい

次回の打ち合わせ日時は、来週3日15：00～16：00となります。場所は株式会社インプレスシステムズの会議室になります。

 Good

●次回打ち合わせ予定
2021年9月3日(金)15:00～16:00　株式会社インプレスシステムズ会議室　年月日と時間・場所を独立させて明確に書く

時短テクニック

会議が始まる前に議事録の構成をイメージしておく

「議事録をまとめるのに時間がかかってしまう」という悩みを聞くことがよくある。そうした場合、次の3つの事前準備をすすめている。

1. 参考になりそうな過去の議事録、たとえば前回の議事録があるならそれを確認し、構成イメージを得ておく。

2. 会議の資料を事前に入手できるなら、それをもとに、議事録の「議事内容」の欄にあらかじめ見出しを立てておく。

3. 日時や場所、出席者などの冒頭部に書く客観的な情報は事前に書いておく。

議事録をスピーディーに仕上げるには、仕上がりの構成についてのイメージを持ちながら作成することが重要だ。

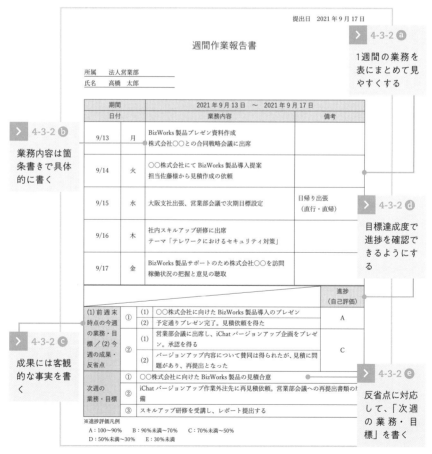

3 週報

週報は、1週間の業務内容を整理して振り返り、上司や関係者に伝えるための報告書です。その週に行ったことだけを書き連ねるのではなく、次週の予定と目標を書きましょう。次週に何をすべきかが明確になり、業務がスムーズに進みます。

4-3-1 テンプレート

※このテンプレートは、Word形式のまま、PDF形式、印刷した状態のいずれかで上司に提出することを想定し、作成したものです。

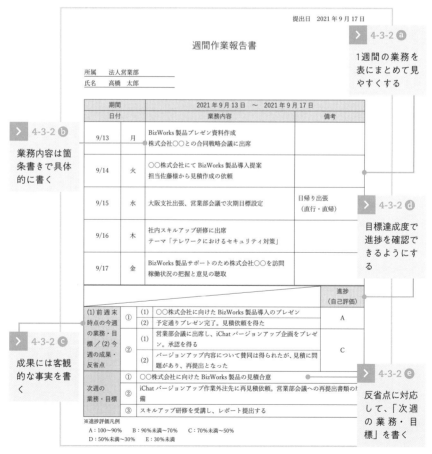

120

4-3-2 書き方の肝

ⓐ1週間の業務を表にまとめて見やすくする

1週間の業務を報告する「週報」では、「日付」「業務内容」といった読み手に必要な情報を的確に伝えることを意識します。

日付のような連続した情報を伝えるときには、表を使って情報を整理しましょう。表は縦横の関係を考えながら、「日付」や「業務内容」といった項目を分類して見出しを作り、整理します。表はレイアウトを見栄えよく整えるだけでなく、**情報の流れや関係を把握しやすくするメリットがあります。**

項目を分類して見出しを作り、情報の系列を整理する

期間		2021 年 9 月 13 日 ～ 2021 年 9 月 17 日	
日付		業務内容	備考
9/13	月	BizWorks 製品プレゼン資料作成 株式会社○○との合同戦略会議に出席	
9/14	火	○○株式会社にて BizWorks 製品導入提案 担当佐藤様から見積作成の依頼	

ⓑ業務内容は箇条書きで具体的に書く

業務内容は箇条書きで整理して書きます。「5W2H」（→p.32）を意識して、事実を具体的に書きましょう。上司は社員の行動をすべて把握しているとは限りません。また、直属の上司だけでなく、さらにその上の管理職が読むこともあります。「いつ、どこで、誰が、何を、なぜ、どのように、いくつ（いくら）」といった情報は、「（読み手は）知っているはず」と省略せずに、漏らさず書きましょう。

 Not good

プレゼン資料作成
戦略会議に出席 ┃ 省略されている事実が多く、様子が具体的に伝わらない

Good

BizWorks製品**プレゼン資料作成**
株式会社○○との**合同戦略会議に出席**

製品名や相手など、関係者の誰
が見ても把握できるように書く

成果には客観的な事実を書く

成果には事実を書きます。「できたと思う」や「見込みがありそう」といっ
た個人の意見や希望ではなく、**客観的に評価できる内容を書きましょう**。読
み手が納得できる報告になります。

Not good

プレゼンの成功、手ごたえを感じた

個人の主観的な意見や考え
は成果とはいえない

 Good

予定通りプレゼン完了。見積依頼を得た

成果は事実を具体的かつ手短に書く。度合や経過は「見積依頼を得た」の
ように評価できる表現を使う

目標達成度で進捗を確認できるようにする

**週報では、1週間の行動が前週に立てた目標をどの程度達成したか、目標
達成度を書くことで、振り返りができます**。目標達成度は、自分が仕事の進
捗を管理するための評価とともに、上司に業務の進捗を伝えるための大切な
情報です。

5段階程度のレベルを設定すると評価しやすいでしょう。たとえば、Aか
らEまでの5段階の評価レベルを設定し、100～90％の達成度ならばA、90％
未満～70％ならばB、70％未満～50％ならばC、50％未満～30％ならばD、
30％未満ならばEと示します。

ⓔ 反省点に対応して、「次週の業務・目標」を書く

　仕事はすべて順調に進むとは限りません。終わらなかった業務を洗い出して、それを次につなげることも重要です。**反省点や未完了業務を明確にしたら、対応する次の目標・業務を書き、より質の高い仕事につなげます。**

				進捗（自己評価）
(1)前週末時点の今週の業務・目標／(2)今週の成果・反省点	①	(1)	○○株式会社に向けた BizWorks 製品導入のプレゼン	A
		(2)	予定通りプレゼン完了。見積依頼を得た	
	②	(1)	営業部会議に出席し、iChat バージョンアップ企画をプレゼン。承認を得る	C
		(2)	バージョンアップ内容について賛同は得られたが、見積に問題があり、再提出となった	
次週の業務・目標	①		○○株式会社に向けた BizWorks 製品の見積合意	
	②		iChat バージョンアップ作業外注先に再見積依頼。営業部会議への再提出書類の準備	
	③		スキルアップ研修を受講し、レポート提出する	

※進捗評価凡例
　A：100〜90%　　B：90%未満〜70%　　C：70%未満〜50%
　D：50%未満〜30%　　E：30%未満

反省点や未完了業務があるときには、対応する目標・業務を書く

時短テクニック

週報のテンプレートを使いやすくする

週報は毎週作成する文書のため、繰り返し利用できるテンプレートを作っておいて活用すると、効率化できる。

p.120のテンプレートでは曜日を別の列にして、日付だけを書き換えればよいように工夫をしている。

所属する課やチームで手を加えられるならば、必要に応じて独自の項目を設け、より使いやすい週報のテンプレートにしておこう。

4 質問メールに対する回答

ユーザーからの質問については、メールや文書で回答するのが一般的です。読み手のニーズや課題は何かを考えて、わかりやすい回答を作成します。読み手がもっている知識に合わせて、技術用語や専門用語を使い分けましょう。

> 4-4-1 テンプレート

※このテンプレートは、ユーザーへの回答メール文としてテキスト形式で作成したものです。

件名：【ご質問についての回答】：アップロードエラーについて ● → > 4-4-2 ⓐ

件名は回答だとわかるように工夫する

○○○○様

ハーティネスシステムカスタマーサポートの△△△△と申します。
平素は弊社サービスをご利用いただきありがとうございます。
お問い合わせいただきました件につきまして、ご回答申し上げます。

【ご質問】
社内コミュニケーションツールの共有フォルダーにファイルを添付して送信しようとしたら、アップロードできなかった。どうすればアップロードできるか。

> 4-4-2 ⓑ

質問内容を整理して、現象や原因をまとめる

【現象】
共有フォルダーを選択し、［アップロード］をクリックすると、「アップロードできる上限を超えています」と表示される。

【原因】
共有フォルダーに登録されているデータが、上限を超えていることが原因です。
1つの共有フォルダーに登録できるデータサイズの上限は、2GBです。

【解決方法】
共有フォルダーの内容をご確認いただき、登録されているデータが2GBに近づいている場合は、次の方法で対処してください。
1）不要なファイルを削除し、2GBを超えないようにする
2）共有フォルダーを分けて登録する

なお、月額330円のオプションのお申し込みにより、1つの共有フォルダーの登録上限を16GBまで増やすことができます。弊社サービスシステム営業部までご相談ください。

ご不明点等ございましたら、ご遠慮なくお問い合わせください。
引き続き弊社サービスをご利用いただけますよう、よろしくお願い申し上げます。

> 4-4-2 ⓒ

解決方法は具体的な対応策を示す

> 4-4-2 ⓓ

ユーザーに配慮した締めくくり文を書き、信頼を高める

```
**************************************************
株式会社ハーティネスシステム
カスタマーサポートセンター △△△△
100-0001
東京都千代田区一番町1-2-3　第1千代田ビル12F
TEL: 03-1234-5678
Email: support@xxxx-lab.com
**************************************************
```

> **4-4-2 書き方の肝**

ⓐ 件名は回答だとわかるように工夫する

　件名には、質問に対する回答であることが一目でわかるように、「回答」をキーワードとして書き加えましょう。件名を変えると同じタイトルのスレッドではなくなり、メール管理しにくくなることが考えられますが、ユーザーとの質問と回答のやりとりは、同じテーマで何度も行うものではありません。少なくとも初回の返信では、質問したユーザーが、受け取ったメールを回答だとすぐに認識できる件名にしましょう。

🗨 **Not good**

件名：Re: ファイルをアップロードできません。

返信であることはわかっても内容がわからない

👍 **Good**

件名：【ご質問についての回答】：アップロードエラーについて

回答であることを表現する　　　　内容がわかる件名を書く

ⓑ 質問内容を整理して、現象や原因をまとめる

　質問に対応する回答は、複数の内容をまとめて書かずに、理解に必要な情報を1つずつ整理して伝えます。

　「何が起きているのか」（現象）、「なぜ起きたのか」（原因）などを見出しごとに分けて、それぞれの説明を書きます。このとき、専門用語や技術用語などはできるだけ使わずに、相手のレベルに合わせた言葉を使うように意識しましょう。

ⓒ 解決方法は具体的な対応策を示す

　相手が最も知りたいのは「どうすれば解決するのか」です。したがって、**解決するための方法や手順を具体的に示します。**「〜してみてはいかがでしょうか」や「〜と思われます」といったあいまいな表現では相手に不安を与え、解決に至りません。「〜してください」のように、明確に指示します。

Not good

> 1段落で書かれた文章の回答では、原因や解決の具体的な方法を読み取りにくい

共有フォルダーにファイルをアップロードしたときにエラーメッセージが表示され、登録できないとのことですが、登録されているデータが上限（2GB）を超えていることが原因だと考えられますので、登録データのサイズをご確認いただき、不要なファイルを削除し、2GBを超えないようにするか、または、共有フォルダーを分けて登録するかのいずれかの対処を行ってください。なお、共有フォルダーの登録上限を増やすオプションも用意しております。

 Good

【現象】　　　見出しを付けて、「現象」「原因」「解決方法」に分けて書く

共有フォルダーを選択し、［アップロード］をクリックすると、「アップロードできる上限を超えています」と表示される。

【原因】

共有フォルダーに登録されているデータが、上限を超えていることが原因です。
1つの共有フォルダーに登録できるデータサイズの上限は、2GBです。

【解決方法】

共有フォルダーの内容をご確認いただき、登録されているデータが2GBに近づいている場合は、次の方法で対処してください。
1）不要なファイルを削除し、2GBを超えないようにする
2）共有フォルダーを分けて登録する

> 2通りの方法がある場合は、分けて書く

d ユーザーに配慮した締めくくり文を書き、信頼を高める

　送った回答ですべて解決するとは限りません。**相手が再度質問を送りやすいように、気づかう文章を付け加えましょう。**ユーザーサポートのような立場では、相手の不安を取り払うことも大切な役割のひとつです。

Good 信頼を高める文章を書き、継続につなげる

ご不明点等ございましたら、ご遠慮なくお問い合わせください。

➕ プラスアルファ

メリハリのある読みやすいメールにするには

ビジネスメールは、文書ファイルのように、見出しに書式を設定したり、スタイルを付けたりして見やすくすることには、あまり向いていない。表を入れる場合はHTMLで書式を設定するか、画像を挿入するなどの方法をとることになるが、HTML形式にするとデータ量が増えるうえに、セキュリティ面で不安を覚える人もいる。したがって、ビジネスメールはテキスト形式で送るのが基本だ。

そこで、改行や行頭字下げ（行頭にスペース入れる）で見やすくする方法を試してみよう。内容の区切りに空行を入れたり、上位階層の文に下位階層の文を続ける際に下位階層の文の各行を字下げしたりすることで、テキスト形式でも、見た目にメリハリのある読みやすいメールとなる。

 時短テクニック

標準的な回答を共有しておく

ユーザーからの質問は、たびたび同じような内容が寄せられることがある。こうした質問に対しては、標準的な回答を作っておくとよいだろう。データベース化して検索できるようにすると効率化できる。なお、最初からデータベースにまでしなくても、Excelのシートに質問と回答を記載しておき、チームメンバーでファイルを共有するだけでも、業務のスピードアップにつながる。

5 新サービスの案内

新サービスや新製品の案内は、自社の新しい情報をわかりやすく伝え、導入検討やメディアへの掲載などをしてもらうために作成する文書です。サービスや商品の魅力を伝え、必要な情報がすぐわかるように整理して書きましょう。

> 4-5-1 テンプレート

※このテンプレートは、PDF形式で保存してメールに添付して送信したり、印刷して渡したりすることを想定し、作成したものです。頒布先は販売代理店を想定しています。

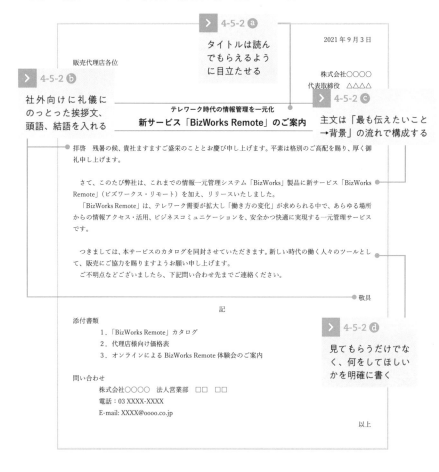

> 4-5-2 ⓐ
タイトルは読んでもらえるように目立たせる

2021年9月3日

販売代理店各位

> 4-5-2 ⓑ
社外向けに礼儀にのっとった挨拶文、頭語、結語を入れる

株式会社○○○○
代表取締役 △△△△

> 4-5-2 ⓒ
主文は「最も伝えたいこと→背景」の流れで構成する

テレワーク時代の情報管理を一元化
新サービス「BizWorks Remote」のご案内

拝啓 残暑の候、貴社ますますご盛栄のこととお慶び申し上げます。平素は格別のご高配を賜り、厚く御礼申し上げます。

さて、このたび弊社は、これまでの情報一元管理システム「BizWorks」製品に新サービス「BizWorks Remote」(ビズワークス・リモート)を加え、リリースいたしました。

「BizWorks Remote」は、テレワーク需要が拡大し「働き方の変化」が求められる中で、あらゆる場所からの情報アクセス・活用、ビジネスコミュニケーションを、安全かつ快適に実現する一元管理サービスです。

つきましては、本サービスのカタログを同封させていただきます。新しい時代の働く人々のツールとして、販売にご協力を賜りますようお願い申し上げます。

ご不明点などございましたら、下記問い合わせ先までご連絡ください。

敬具

記

添付書類
　1．「BizWorks Remote」カタログ
　2．代理店様向け価格表
　3．オンラインによるBizWorks Remote体験会のご案内

問い合わせ
　株式会社○○○○　法人営業部　□□　□□
　電話：03 XXXX-XXXX
　E-mail: XXXX@oooo.co.jp

> 4-5-2 ⓓ
見てもらうだけでなく、何をしてほしいかを明確に書く

以上

> 4-5-2 書き方の肝

ⓐ タイトルは読んでもらえるように目立たせる

　新サービスの案内であることが一目でわかるように書きましょう。新サービスの名称を具体的に書き、文末には「〜のご案内」のように文書の目的を明確に書きます。さらに、文字を大きくしたり罫線を使ったりして目立たせます。**興味を引きつけるキャッチコピーやサブタイトルも書くと効果的です。**

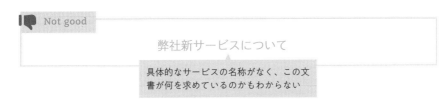

Not good

弊社新サービスについて

具体的なサービスの名称がなく、この文書が何を求めているのかもわからない

キャッチコピーで興味を引きつける

Good

テレワーク時代の情報管理を一元化
新サービス「BizWorks Remote」のご案内

具体的なサービスの名称を書く　　　　文書の目的を明確にする

ⓑ 社外向けに礼儀にのっとった挨拶文、頭語、結語を入れる

　社外向けの案内文書では、ビジネスマナーにのっとって、頭語、挨拶文(前文)、主文、結語を書きます。「頭語」とは、「拝啓」など文章の冒頭に書く言葉で、「敬具」といった「結語」とセットで使います。結語は主文の最後に書くことがマナーです。結語が抜けていたり、記書きの最後に書かれていたりすると、「ビジネスマナーを知らない人だ」と読み手に思われるかもしれません。頭語に続く前文である「挨拶文」は、季節や相手の立場によって多くの種類があります。適切な文を選んで使いましょう。Wordの「あいさつ文」の機能を使って挿入することもできます。

季節や相手の立場によって
挨拶文を使い分ける

拝啓　残暑の候、貴社ますますご盛栄のこととお慶び申し上げます。平素は格別のご高配を賜り、厚く御礼申し上げます。

（主文）　　　　　　　頭語と結語は必ず組み
　　　　　　　　　　　合わせて使用する

　　　　　　　　　　　　　　　　　　　　　　　　　　　　　　　敬具

＋ プラスアルファ

頭語と結語の使い方

社外への案内や招待状では、頭語と結語を入れて丁寧な表現が使われる。頭語と結語は、目的に合わせて選ぼう。頭語と結語の組み合わせにはルールがある。以下の表を参考に、適切な組み合わせで記載しよう。

目的	頭語	結語
案内や招待など一般的な文書	拝啓	敬具
お祝い、礼状など丁寧さが求められる文書	謹啓	謹白
返信の文書	拝復	敬具
略式の文書	前略	草々

© 主文は「最も伝えたいこと→背景」の流れで構成する

　主文では、はじめに最も伝えたいことを述べてから、そこに至った背景などを書きます。この順序により、相手に伝えたいことが明確になります。日本語の話し方では背景を先に、結論をあとにする傾向があります。しかし、ビジネス文書では伝えなければならないことを先に述べることが原則です。

Not good　　　　先に背景を書くと、冗長になり伝わりにくい

　さて、このたび弊社は、テレワーク需要が拡大し「働き方の変化」が求められる中で、あらゆる場所からの情報アクセス・活用、ビジネスコミュニケーションを安全に、快適に実現する情報一元管理サービスの新サービス「BizWorks Remote」(ビズワークス・リモート)を加えリリースいたしました。

Good　　　　はじめに最も伝えたいことを述べる

　さて、このたび弊社は、これまでの情報一元管理システム「BizWorks」製品に新サービス「BizWorks Remote」(ビズワークス・リモート)を加え、リリースいたしました。　背景は補足情報として最も伝えたいことのあとに書く
「BizWorks Remote」は、テレワーク需要が拡大し「働き方の変化」が求められる中で、あらゆる場所からの情報アクセス・活用、ビジネスコミュニケーションを、安全かつ快適に実現する情報一元管理サービスです。

d 見てもらうだけでなく、何をしてほしいかを明確に書く

　案内の文書には、そのサービスを知ってもらうだけではなく、導入を検討してもらう、サービスを広めてもらう、サービスを販売してもらうなどの目的があります。この文書で**何をしてほしいのか、目的は暗に示すのではなく、具体的にはっきり書きましょう。**

Not good

　つきましては、本サービスのカタログを同封させていただきますので、ご高覧ください。

カタログを見てもらうこと自体が目的ではない

Good

　つきましては、本サービスのカタログを同封させていただきます。新しい時代の働く人々のツールとして、販売にご協力を賜りますようお願い申し上げます。
カタログを見てサービスの販売に協力してもらうことが目的

131

6 社外向け提案書

社外向けの提案書では、伝えたいことを論理的に組み立て、事実をもとに説明します。提案するものの必要性、メリットなどの順序を考え、ストーリーを作ることが重要です。また、視覚的にわかりやすいプレゼン資料を目指し、図解や表を活用しましょう。

> **4-6-1　テンプレート**

※このテンプレートは、実際にプレゼンテーションを行う際の提示資料のスライドとすることを想定し、PowerPointで作成したものです。

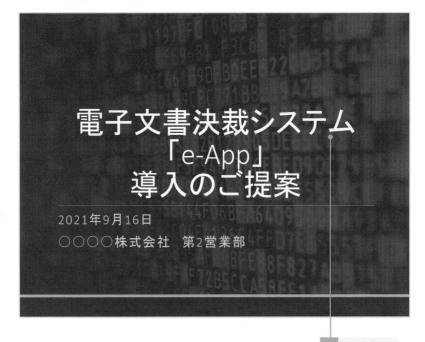

> **4-6-2 ⓐ**

タイトルスライドで何の提案であるかを明確に伝える

電子文書決裁の必要性

電子文書決裁の導入状況

10.3% 5.2%
12.3%
72.2%

■検討中 ■導入したい ■予定はない

電子文書決裁の目的

承認印を電子化

↓

業務の効率化
ペーパーレスの推進
テレワークの拡大

> 4-6-2 ⓑ

グラフはデータラベルを付けて数値とビジュアルで見せる

○○○○株式会社　　　2

「e-App」導入のメリット

● データ上で決裁が完了
　◦ 電子印による押印で決裁文書を完全にデジタル化
　◦ 承認待ち時間の削減による業務の効率化

● 文書管理のデジタル化
　◦ ペーパーレス化の推進
　◦ データ化した文書の効率的な管理
　◦ 紙文書ファイリングからの解放

> 4-6-2 ⓒ

言いたいことが多いときは、2階層化して整理する

● テレワークの拡大
　◦ 文書決裁フローがテレワークに最適化
　◦ 文書処理・管理にかける時間・労力の削減と生産性の向上

○○○○株式会社　　　3

安心のサポート

24時間のサーバー管理

- データサーバーは専門チームで24時間管理
- AIにより稼働状況を常時監視

災害・停電時に備えたバックアップ体制

- 複数拠点にサーバーを設置
- 12時間ごとのデータベースバックアップ

トラブルに備えるサポート窓口

- 24時間対応のお客様センター
- お客様専任チームによるサポート体制

> **4-6-2 d**
> 見出しの装飾機能と箇条書き機能を使って、メリハリをつける

「e-App」導入プラン例

	10ユーザー	50ユーザー
初期費用	350,000円＋税	1,100,000円＋税
月額料金	30,000円＋税	80,000円＋税
決裁印最大数	3	10
利用可能端末数	10（※）	無制限
モバイル対応	○	○

※1ユーザーにつきPC1台に加えモバイル（スマートフォンまたはタブレット）1台

> **4-6-2 e**
> 数値や定量的なデータは表でまとめる

4-6-2 書き方の肝

ⓐ タイトルスライドで何の提案であるかを明確に伝える

タイトルは、提案であることが一目で伝わるように書きます。 製品名だけを書くのではなく、「～のご提案」のように、プレゼン資料の内容や目的を明らかにしましょう。また、**製品の概要もあわせて書いておけば、相手にどのような製品なのか伝わります。**

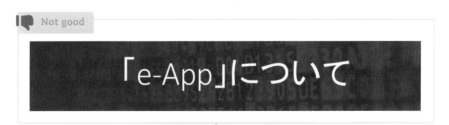

プレゼン資料の内容や目的がわからない

Good

電子文書決裁システム
「e-App」
導入のご提案

製品の概要を補足する

目的を明確にする

ⓑ グラフはデータラベルを付けて数値とビジュアルで見せる

　グラフは数値データを可視化するツールです。より正確な情報を伝えるためには、**グラフにデータラベルを付け、数値とビジュアルの両方で変化や割合を見せると効果的です。** ビジュアルで全体像をつかみ、数値で分析の根拠を示すことができます。

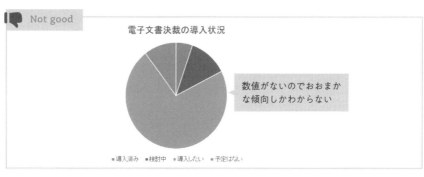

Not good

電子文書決裁の導入状況

数値がないのでおおまかな傾向しかわからない

■導入済み　■検討中　■導入したい　■予定はない

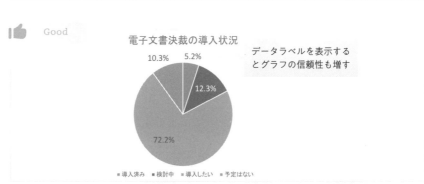

Good

電子文書決裁の導入状況

データラベルを表示するとグラフの信頼性も増す

10.3%　5.2%
12.3%
72.2%

■導入済み　■検討中　■導入したい　■予定はない

c 言いたいことが多いときは、2階層化して整理する

　伝えたい情報が多いときには、**情報を階層化して整理し、箇条書きにします**。1階層目は大きなレベルの情報で分類し、さらにそれぞれに含まれる情報を2階層目にまとめます。

　情報を階層化するときには、それぞれの項目ごとにコンパクトにまとめましょう。

 Not good

「e-App」導入のメリット

- 電子印による押印で決済文書を完全にデジタル化し、承認待ち時間の削減による業務の効率化ができます。
- ペーパーレス化の推進、データ化した文章の効率的な管理、紙文書ファイリングからの解放が可能になります。
- テレワーク可能な文書決済によって、文書処理・管理にかける時間・労力の削減と生産性の向上が期待できます。

> 言いたいことの1つずつ
> が長く、羅列されている

 Good

「e-App」導入のメリット

- データ上で決裁が完了
  ◦ 電子印による押印で決裁文書を完全にデジタル化
  ◦ 承認待ち時間の削減による業務の効率化

> 大きな分類を
> 1階層目に書く

- 文書管理のデジタル化
  ◦ ペーパーレス化の推進
  ◦ データ化した文書の効率的な管理
  ◦ 紙文書ファイリングからの解放

> 1階層目に含まれ
> る情報を2階層目
> に箇条書きで書く

- テレワークの拡大
  ◦ 文書決裁フローがテレワークに最適化
  ◦ 文書処理・管理にかける時間・労力の削減と生産性の向上

ⓓ 見出しの装飾機能と箇条書き機能を使って、メリハリをつける

　提案書のようにプレゼンの役割をもつ文書では、文字ばかりのページはできるだけ避けましょう。**文字の情報が多いページは、見出しの装飾機能と箇条書き機能を使って視覚化し、メリハリをつけます。**伝えたいことを箇条書きで整理し、文字の大きさや色を工夫したり、装飾図形を使ったりしてわかりやすいビジュアルに仕上げます。

 Good

24時間のサーバー管理

- データサーバーは専門チームで24時間管理
- AIにより稼働状況を常時監視

災害・停電時に備えたバックアップ体制

- 複数拠点にサーバーを設置
- 12時間ごとのデータベースバックアップ

目立たせたいことは大きく、装飾図形を使って表現する

ⓔ 数値や定量的なデータは表でまとめる

　複数の数値や定量的なデータを並べるときは、表にまとめます。表を使うと情報の分類や系統を整理して提示することができます。また**情報を相互に比較することにも役立ちます。**

🗨 Not good

10ユーザーの場合
- 初期費用　350,000円＋税
- 月額料金　30,000円＋税
- 決裁印最大数　3
- 利用可能端末　10(1ユーザーにつきPC1台とモバイル1台)
- モバイル対応　可

50ユーザーの場合
- 初期費用　1,100,000円＋税
- 月額料金　80,000円＋税
- 決裁印最大数　10
- 利用可能端末　無制限
- モバイル対応　可

情報の相互関係がわかりにくく、比較しにくい

Good 情報を分類ごとに見ることができ、比較しやすい

	10ユーザー	50ユーザー
初期費用	350,000円＋税	1,100,000円＋税
月額料金	30,000円＋税	80,000円＋税
決裁印最大数	3	10
利用可能端末数	10（※）	無制限
モバイル対応	○	○

※1ユーザーにつきPC1台に加えモバイル（スマートフォンまたはタブレット）1台

訴求するキャッチコピーを付ける

　提案書の最後には、次につながるキャッチコピーを書きましょう。提案書は次の交渉に進むための文書です。「よろしくお願いいたします」だけで終わると、提案されたという印象が残りません。**デザイン文字を使って目立たせ、強い言葉で提案内容を訴求しましょう。**

＋ プラスアルファ

シンプルなオリジナルテンプレートを作ってチーム内で共有

PowerPointにはプリセットのデザイン（テーマ、テンプレート）がいくつもあり、それらを使うと、どうしても「どこかで見たようなスライド」になってしまう。これを避けるため、オリジナルテンプレートを作っておき、チーム内で共有しておくとよい。手間をかけず、図形を使ってデザインしたシンプルなもので十分だ。

チームでよく使われるスライド構成はだいたい決まってくるものだから、共有テンプレートがあると、スライド資料作成の時短にもつながる。テンプレートで使っている複数図形の塗りつぶし色は、「デザイン」―「バリエーション」―「配色」で別の色の組み合わせにすることもできる。これは、季節やプレゼン内容のイメージなどに合わせて、簡単にバリエーションを増やすことができる便利な機能だ。

転職に役立つ文章力、評価を高める文章力

　昨今は、転職活動や面談の大半を、ネットを活用して行うようになっています。そのようななかで、応募時などにおいて、自分のもつ経験やスキル、仕事での姿勢や情熱を伝える文章力が、面接までつなげられるかどうかを左右するといっても大袈裟ではないでしょう。

　採用担当者は、面接本番での受け答えだけでなく、たとえば、担当者からメールで採用活動上の事務的な問い合わせをしたときに、いかに的を射た回答をわかりやすく返信してくるかという点にも着目しています。文章で伝える力は、コミュニケーションスキルでもあるからです。実際の業務で、システムやサービスの開発時に、チームの仲間や関係者と、スピーディーかつ正確に情報を共有できるかどうかは重要です。

　また、通常の業務でも日頃のメールや報告書の書き方は、上司からの評価に実は大きな影響を与えています。たとえば、技術に関する知識やシステム開発の能力はあるのに、報告書がうまくまとまっていなかったら、プロジェクトを進める能力の評価は下がってしまうでしょう。次のアクションを考えた情報を報告できているかどうかを、上司は見ているからです。

　よいことだけを書き連ねてアピールするのではなく、課題を認識して、次に自分がするべきことを明確に伝えること。これが評価を高める文章のポイントです。

　「読み手」が欲している情報を、簡潔に組み立て、伝えましょう。文章力を研くためには、日々、意識して文章を書き、見直すことをコツコツ続けましょう。キャリアアップのための筋トレと考えて、取り組んでみてください。

業務に特化した ビジネス文書テンプレートと 書き方の肝

この章では、「障害報告書」や「セキュリティに関する実施依頼」といった、 IT エンジニアの業務に特化した書類のテンプレートを提示します。 第4章と同様に、 それぞれの文書の書き方の肝を、具体例を示しながら解説します。

1 障害報告書

障害報告書とは、システムに発生したトラブルをユーザーや関係者に報告するための文書です。トラブルの内容を記載するだけでなく、原因と対処を明示します。障害の発生時だけでなく収束したあとも、ユーザーが安心できる報告書であることが求められます。

> **5-1-1 テンプレート**

※このテンプレートは、PDF形式で保存して、ユーザー企業の担当者へのメールに添付して送信したり、印刷して渡したりすることを想定し、作成したものです。

> **5-1-2 ⓐ**

現象→原因→対処の流れで示す

株式会社 ABC 印刷 業務支援課 課長
○○○○ 様

2021 年 9 月 3 日
株式会社 XYZ システムズ
第 1 システム開発課
△△△△

従業員検索システム 障害報告書

貴社の従業員検索システムにこのたび発生した障害につきまして、ご心配をおかけし、申し訳ございませんでした。現象、原因、および対応・対策の詳細につきまして、下記の通り報告いたします。

記

> **5-1-2 ⓑ**

「現象」はユーザー視点で記述する

1. 現象（障害内容）

現象：従業員検索を実行すると、「システムエラー」と画面に表示されます。

経緯：2021 年 8 月 27 日 13:15 に、従業員検索ができない、とメールで連絡をいただきました。
同日、担当者を派遣し、障害原因を調査した結果、ログを格納するディスク容量が不足し、ログが保存できない状態になっていることが原因で「システムエラー」を出力していることが判明。ディスクを増設し、空き容量を確保し、再起動を実行しました。その後、正常稼働を確認し、以降、稼働状況をリモートでモニタリングし、システムエラーが出ていないことを確認済です。

> **5-1-2 ⓒ**

「原因」は一文一義で端的に表現する

2. 原因

ディスク容量が不足したためです。
不要なログを削除するプログラムに誤りがあり、ログファイルが増加し、ディスク容量が枯渇しました。

3. 対応・対策

従業員検索システムのログ量の見積を計算し直し、8 月 30 日のメンテナンス時にディスクを増設して、新たに 5TB の空き容量を確保しました。これで、今後 2 年間はディスク容量不足が起こらない見通しです。

再発防止策につきましては、ログ量の増加異常を検知できなかった原因を調査・分析したうえで、9 月 10 日までに報告いたします。

> **5-1-2 ⓓ**

「対処」はユーザーに安心感を与える書き方にする

現時点では暫定的な運用ですが、今後、ログのディスク容量監視を実施し、設定した条件値を超えた時点で、今回と同様のディスク容量の増量をします。以上の対策で、検索システムの正常稼働が確保できます。今しばらくご心配をおかけしますが、根本解決の期日まで、密着したサポート体制で臨みますので、よろしくお願いします。

〈本件に関するお問い合わせ〉
株式会社 XYZ システムズ　お客様サポートセンター　xxxxxxx_support@jp.xyz.com

以上

> 5-1-2 書き方の肝

ⓐ 現象→原因→対処の流れで示す

ユーザーはトラブルに対して**「何が起きて、なぜ起きて、どう対処した（する）か」の順に疑問を抱きます**。その疑問に答える順番や流れで見出しを付け、文書全体を構成します。

何が起きたのか？ →見出し「現象」（「事象」「障害内容」なども可）
  ↓
なぜ起きたのか？ →見出し「原因」
  ↓
どう対処した（する）か？ →見出し「対処」（「対応」「対策」なども可）

ⓑ 「現象」はユーザー視点で記述する

開発者視点またはシステムの提供者目線で内部構造の誤りを書くのではなく、**ユーザーから見て「何が起きたのか」を簡潔に書きましょう**。

🗨 Not good   開発者やシステム提供者の視点で書いている

 現象：従業員検索ログを格納するディスクが不足しました。

👍 Good   ユーザー視点で起きていることを書く

 現象：従業員検索を実行すると、「システムエラー」と画面に表示されます。

ⓒ 「原因」は一文一義で端的に表現する

「なぜ起きたのか」の問いに対して、1つの原因を挙げて答えるように書きます。

障害の原因は、ユーザーにとって最も理解しにくい内容です。技術的な専門用語の使用を避け、簡潔でわかりやすい表現を使いましょう。また、原因の記述の中に「言い訳」や「責任逃れ」を感じさせる表現があると、ユーザー

は不快に思うので注意が必要です。

 Not good

> 「言い訳」や「責任逃れ」を
> 感じさせる表現になっている

２．原因
仕様書に不備があり、ログを削除する条件を誤って設定したためです。

 Good

簡潔でわかりやすい
表現を心がける

２．原因
ディスク容量が不足したためです。
不要なログを削除するプログラムに誤りがあり、ログファイルが増加
し、ディスク容量が枯渇しました。

＋ プラスアルファ

直接原因と根本原因に分け、より論理的な展開に
直接原因：「障害が発生したのはなぜか」を考えた際に、はじめに思
いつく原因のこと。たとえば、「ディスク容量が不足しているから」
が直接原因になる。
根本原因：直接原因をさらに分析した結果、たどりつく原因のこと。
たとえば、なぜディスク容量が不足したかを分析していくと、「詳細
設計書に記述がないから」など、規約の不備という根本原因にたどり
つくことができる。

この根本原因への対策が、障害の再発防止策につながることが多いこ
とを覚えておこう。

d 「対処」はユーザーに安心感を与える書き方にする

　起きてしまった障害に対して、「どう対応したのか」を明確に示すことが大切です。まずは、その対応によって障害が収束していることを示します。さらに今後、同様の障害が起きないことを具体的に示し、**ユーザーに安心感を与えることが大切です**。

🗨 Not good

「どう対応したのか」がわからない

　3．対応・対策
　システムの改修は完了しました。ご安心ください。
　二度とこのようなご不便をおかけすることのないよう取り組んでまいります。

👍 Good

「どう対応したのか」とともに、今後の見通しについても具体的に示している

　3．対応・対策
　従業員検索システムのログ量の見積を計算し直し、8月30日のメンテナンス時にディスクを増設して、新たに5TBの空き容量を確保しました。これで、今後2年間はディスク容量不足が起こらない見通しです。再発防止策につきましては、ログ量の増加異常を検知できなかった原因を調査・分析したうえで、9月10日までに報告いたします。

➕ プラスアルファ

短期対策と長期対策に分け、安心感を与える展開に
短期対策：左ページで解説した直接原因に対する策のこと。たとえば、直接原因の「ディスク容量が不足しているから」に対して「ディスク容量を増やす」が短期対策になる。
長期対策：根本原因に対する策のこと。たとえば、根本原因の「詳細設計書に記述がないから」に対して「開発規約の不備を是正する」が長期対策や再発防止策になる。

2 セキュリティに関する実施依頼

顧客向け、社内向けのいずれに対しても、セキュリティに関する実施依頼は重要な通知です。定期的に発行する通知の場合もあります。期限内に確実に実施してもらうために、シンプルかつ具体的に依頼することがポイントです。

> 5-2-1 テンプレート

※このテンプレートは、PDF形式で保存して社内メールに添付して送信したり、社内ポータルサイトでダウンロード配布したりすることを想定し、作成したものです。

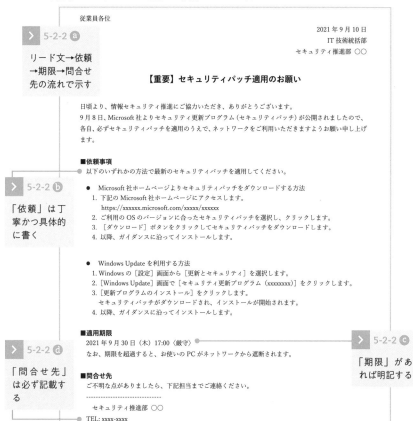

> 5-2-2 ⓐ
リード文→依頼
→期限→問合せ
先の流れで示す

従業員各位

2021 年 9 月 10 日
IT 技術統括部
セキュリティ推進部 ○○

【重要】セキュリティパッチ適用のお願い

日頃より、情報セキュリティ推進にご協力いただき、ありがとうございます。
9 月 8 日、Microsoft 社よりセキュリティ更新プログラム（セキュリティパッチ）が公開されましたので、各自、必ずセキュリティパッチを適用のうえで、ネットワークをご利用いただきますようお願い申し上げます。

■依頼事項
以下のいずれかの方法で最新のセキュリティパッチを適用してください。

> 5-2-2 ⓑ
「依頼」は丁
寧かつ具体的
に書く

● Microsoft 社ホームページよりセキュリティパッチをダウンロードする方法
1. 下記の Microsoft 社ホームページにアクセスします。
　https://xxxxxx.microsoft.com/xxxxx/xxxxxx
2. ご利用の OS のバージョンに合ったセキュリティパッチを選択し、クリックします。
3. ［ダウンロード］ボタンをクリックしてセキュリティパッチをダウンロードします。
4. 以降、ガイダンスに沿ってインストールします。

● Windows Update を利用する方法
1. Windows の［設定］画面から［更新とセキュリティ］を選択します。
2. ［Windows Update］画面で［セキュリティ更新プログラム（xxxxxxxx）］をクリックします。
3. ［更新プログラムのインストール］をクリックします。
　セキュリティパッチがダウンロードされ、インストールが開始されます。
4. 以降、ガイダンスに沿ってインストールします。

■適用期限
2021 年 9 月 30 日（木）17:00〈厳守〉
なお、期限を超過すると、お使いの PC がネットワークから遮断されます。

> 5-2-2 ⓒ
「期限」があ
れば明記する

> 5-2-2 ⓓ
「問合せ先」
は必ず記載す
る

■問合せ先
ご不明な点がありましたら、下記担当までご連絡ください。

　セキュリティ推進部 ○○
TEL: xxxx-xxxx
Mail: xxxx@xxxxxxx.com

5-2-2 書き方の肝

ⓐ リード文→依頼→期限→問合せ先の流れで示す

　セキュリティに関する重要な依頼文書であることを認識してもらうために、明確なタイトル、文書の目的や依頼の概要を記したリード文を書きます。そのあと、「依頼事項」「(適用)期限」「問合せ先」などの見出しを付け、シンプルな構成にします。**複雑な構成にして、煩雑で面倒な印象を与えると、重要な依頼をスムーズに実施してもらえなくなってしまいます。**

ⓑ 「依頼」は丁寧かつ具体的に書く

　実施してもらいたい内容を丁寧かつ具体的に示します。 依頼する相手はセキュリティに関して詳しい人から初心者までさまざまである、と想定します。知識や技術レベルが十分ではない相手でも、確実に実施できる記述を心がけましょう。操作手順があれば、一つ一つのステップを丁寧に示しましょう。

　なお、説明事項が多く、記述が長くなる場合には、煩雑な印象を与えることを避けるために、詳細を示したサイトのURLや、他文書への参照をリンクしてもよいでしょう。

時短テクニック

定型フォーマットの活用

セキュリティ通知は定期的な発信を要することが多い。通知すべき時期に滞りなく発行できるように、定型フォーマットを「テンプレート」として保存しておくと便利だ。Word文書なら［Wordテンプレート(*.dotx)］、Excel文書なら［Excelテンプレート(*.xltx)］として保存し、活用することができる。効率化を図るなら試してみたい。

Not good

■依頼事項

最新の更新プログラムをダウンロードするか、Windows Update を実行してパッチを適用してください。

具体的な手順が
わからない

Good

■依頼事項

以下のいずれかの方法で**最新のセキュリティパッチを適用してください。**

● Microsoft社ホームページよりセキュリティパッチをダウンロードする方法
  1. 下記のMicrosoft社ホームページにアクセスします。
     https://xxxxxx.microsoft.com/xxxxx/xxxxxx
  2. ご利用のOSのバージョンに合ったセキュリティパッチを選択し、クリックします。
  3. [ダウンロード] ボタンをクリックしてセキュリティパッチをダウンロードします。
  4. 以降、ガイダンスに沿ってインストールします。

実施の手順が具体
的に示されている

c 「期限」があれば明記する

　セキュリティに関する依頼は、期限を守らないことによって重大なトラブルやコンプライアンス違反につながるケースがあります。期限がある依頼であれば、**いつまでに実施しなければならないか、期日を明記します。**期限内に確実に実施してもらえるように、あいまいな表現はせず、日時を明記することが重要です。

Not good

以上の内容を、各自忘れずに実施してください。

期限が示されていない

Good　具体的な日時を明記する

■適用期限

2021年9月30日(木)17：00〈厳守〉

なお、期限を超過すると、お使いのPCがネットワークから遮断されます。

d 「問合せ先」は必ず記載する

　丁寧かつ具体的に依頼内容を記載しても、知識や技術レベルが十分ではない相手の場合、実施の段階でつまずくことが考えられます。そうなった場合、途中で操作を諦められたり、放置されたりしないように、**問合せ先を明記して、対応することが大事です。**

Not good　問合せ先がわからない

ご不明な点があればご連絡ください。

Good

■問合せ先

ご不明な点がありましたら、下記担当までご連絡ください。

\-

　セキュリティ推進部 ○○

TEL: xxxx-xxxx

Mail: xxxx@xxxxxxx.com

問合せ先を明記して、サポートすることが大事

\-

3　ユーザー向け手順書

手順書はユーザーがしたいことや目的を達成するために、それに必要な手順を整理して示します。使う機能の説明ではなく、ユーザーの作業を中心に説明を展開していきます。

> 5-3-1　テンプレート

※このテンプレートは、ユーザー向けWebサイトに掲載する手順書の中の1記事として、作成したものです。

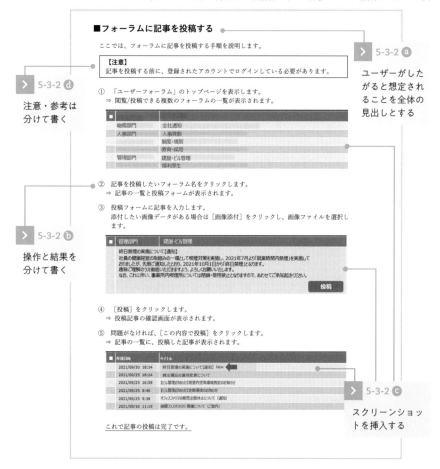

■フォーラムに記事を投稿する

ここでは、フォーラムに記事を投稿する手順を説明します。

【注意】
記事を投稿する前に、登録されたアカウントでログインしている必要があります。

① 「ユーザーフォーラム」のトップページを表示します。
⇒ 閲覧/投稿できる複数のフォーラムの一覧が表示されます。

総務部門	全社通知
人事部門	人事異動
	制度・規則
	教育・採用
管理部門	建屋・ビル管理
	福利厚生

② 記事を投稿したいフォーラム名をクリックします。
⇒ 記事の一覧と投稿フォームが表示されます。

③ 投稿フォームに記事を入力します。
添付したい画像データがある場合は[画像添付]をクリックし、画像ファイルを選択します。

■ 管理部門	建屋・ビル管理

終日禁煙の実施について【通知】
社員の健康経営の取組みの一環として喫煙対策を実施し、2021年7月より「就業時間内禁煙」を実施しておりましたが、先般ご通知したとおり、2021年10月1日から「終日禁煙」となります。
趣旨にご理解の入徹底いただきますよう、よろしくお願いいたします。
なお、これに伴い、事業所内喫煙所については閉鎖・使用禁止となりますので、あわせてご承知起きください。

[投稿]

④ [投稿]をクリックします。
⇒ 投稿記事の確認画面が表示されます。

⑤ 問題がなければ、[この内容で投稿]をクリックします。
⇒ 記事の一覧に、投稿した記事が表示されます。

■ 作成日時	タイトル
2021/09/30　18:34	終日禁煙の実施について【通知】 New
2021/09/25　16:24	購注備品の運用改定について
2021/09/25　16:59	［ビル管理お知らせ］居室内空気環境測定のお知らせ
2021/09/25　9:40	［ビル管理お知らせ］定期清掃のお知らせ
2021/09/25　9:38	オフィスパパマの販売全面休止について【通知】
2021/09/18　11:19	健康フェスタ2020 開催について【ご案内】

これで記事の投稿は完了です。

> 5-3-2 d
注意・参考は分けて書く

> 5-3-2 a
ユーザーがしたがると想定されることを全体の見出しとする

> 5-3-2 b
操作と結果を分けて書く

> 5-3-2 c
スクリーンショットを挿入する

> 5-3-2 書き方の肝

 ユーザーがしたがると想定されることを全体の見出しとする

　ユーザーはまず、一連の手順説明文が自分がしたいことに対応しているかを判断し、対応していると思ったら読み始めます。その判断がしやすいように、見出しは、ユーザーがしたがると想定されることを具体的に表すものにしましょう。一つ一つの記事がこのように見出し付けされていれば、ユーザーは、**目的とする記事を素早く探し出すことができます。**

Not good

■操作手順　　　具体的な作業内容がわからない

Good

■フォーラムに記事を投稿する　　ユーザーが目的とする記事を探し出しやすい

操作と結果を分けて書く

　操作とその結果を混在させて説明すると、文が長くなり、読みづらい説明になります。操作ミスにつながる恐れもあります。

　操作は、数字付きの箇条書きを使って説明し、**結果と明確に分けて記述します。**また、1つの箇条書きに対して1つの操作を書くようにします。

Not good　　操作と結果を混在させて説明している

② 記事を投稿したいフォーラム名をクリックすると、記事の一覧と投稿フォームが表示されますので、記事を入力します。

Good　　操作と結果を明確に分けて説明する

② 記事を投稿したいフォーラム名をクリックします。
　⇒ 記事の一覧と投稿フォームが表示されます。

③ **投稿フォームに記事を入力します。**

c スクリーンショットを挿入する

　手順の説明の中にスクリーンショットを挿入すると、わかりやすくなります。操作のあとに表示される画面を確認したり、画面内の操作対象の位置を確認したりしながら、誤りなく、確実に読み進めることができます。

👍　Good

　⑤　問題がなければ、［この内容で投稿］をクリックします。
　　　⇒ 記事の一覧に、投稿した記事が表示されます。

■	作成日時	タイトル
	2021/09/30 18:34	終日禁煙の実施について【通知】 New ←
	2021/09/25 18:24	貸出備品の運用変更について
	2021/09/25 16:59	【ビル管理お知らせ】居室内空気環境測定のお知らせ
	2021/09/25 9:40	【ビル管理お知らせ】定期清掃のお知らせ
	2021/09/25 9:38	オフィスファミマの販売全面休止について（通知）
	2021/09/18 11:19	健康フェスタ2020 開催について（ご案内）

　　　スクリーンショットがあると、手順
　　　を確認しながら操作しやすくなる

d 注意・参考は分けて書く

　注意事項や参考情報は、操作手順説明文のメインの流れとは分けて書きましょう。それらがメインの流れの中に入っていると、ユーザーが行うべき操作が不明確になります。

　また、注意事項や参考情報の位置にも注意が必要です。たとえば、**操作の前に伝えるべき注意事項は、手順説明の前に書くようにします**。先に知っておくべき情報が操作の途中で示されると、手戻りが発生してしまうからです。

👎　Not good

操作の説明途中で、注
意事項を盛り込まない

　④　［投稿］をクリックします。
　　　このとき、登録されたアカウントでログインしていないと［ログインが必要です］のエラーメッセージが表示されます。

操作の前にやっておくべき事項は、手順の説明とは分けて、その前に書く

 Good

ここでは、フォーラムに記事を投稿する手順を説明します。

> 【注意】
> 記事を投稿する前に、登録されたアカウントでログインしている必要があります。

① 「ユーザーフォーラム」のトップページを表示します。

＋ プラスアルファ

検索の時代における手順書のあり方

何か知りたいことがあれば、すぐに「検索する」時代だ。ユーザーが何かをやり遂げたいと思ったときに、分厚い手順書を手にして、最初から終わりまで読み進めていくシーンは現実的ではない。

目的の記事を、目次や索引から探しやすくするために、明確なタイトルを付けるなどの工夫は不可欠である。特に、Web上の手順書なら、検索されて読まれることを念頭に置いて、次の2点に留意して書く必要がある。

- ・ユーザーが目的の記事を簡単に探し出せるよう、説明のなかにキーワードを入れる。「〜の操作」「〜をするには」などの表現を使うとよい
- ・ユーザーが検索して表示された箇所が、知りたいことに該当しているか、すぐにわかるように、概要説明や注意書きなどを混在させない。できるだけ、必要な手順の説明（①、②、③…）のみで完結させる

153

4 FAQ（よくある質問と回答）

使い勝手のよい「FAQ」を作ることは、ユーザーだけでなく、作る側にもメリットがあります。ユーザーのやりたいこと、知りたいことに答えると同時に、ユーザーの疑問に先回りして答えることで、頻出する質問への対応工数を削減することができます。

> **5-4-1 テンプレート**

※このテンプレートは、ユーザー向けWebサイトに掲載するために、Excelで作って管理するFAQ文書の一部として、作成したものです。

FAQ（よくある質問と回答）

分類	小分類		質問・回答
システム	トラブル	Q.	システム連携したらログインできなくなりました。
		A.	ほかで連携しているシステムでパスワードを変更すると、本システムにログインできない場合があります。 ［設定］画面の［オプション］→［パスワード連携］を［ON］にしてください。
		Q.	ディスク容量がいっぱいになってしまいました。
		A.	不要なログデータが蓄積されている可能性があります。 ［設定］画面の［オプション］→「定期的に不要なログをクリアする」をチェックしてください。
	移行/試用	Q.	現在使っている他のシステムからのデータ移行は可能ですか。
		A.	本システムのコンバートツールを使えば、基本的には可能です。 ただし、データ種別によってカスタマイズが必要な場合がありますので、移行作業の見積依頼を送付いただければ、お客様の運用に適した移行プランをご提案いたします。
安全	バックアップ	Q.	定期的なデータバックアップは可能ですか？
		A.	可能です。 お客様の運用に適したバックアップポリシーのもと、定期的なデータバックアップを実施します。
費用	課金	Q.	バージョンアップは有償ですか？
		A.	標準システムをご契約のお客様には、無償でご提供します。 カスタム契約のお客様、および試行版をご利用のお客様は、別途バックアップに費用が必要です。
		Q.	見積の際も料金が発生しますか？
		A.	基本的には無償で対応させていただきます。 ただし、他システムと連携した環境の構築、お客様独自のデータでカスタマイズが必要有償になることがありますので、ご相談ください。
		Q.	料金の支払い条件について教えてください
		A.	正規にご契約のお客様については、システム構築、システム運用の規模に応じた料金ご提示しております。 これから導入をお考えのお客様については、見積、評価版利用などに、一部費用が発生する場合がございますので、個別にお問い合わせください。
その他	その他	Q.	評価版システムの用意はありますか？
		A.	30日間無償で試行できる評価版システムを用意しております。 試行時のご不明点にも、サポート技術の専門家がご支援いたしますので、安心してご利用いただけます。
		Q.	あまり詳しいことがわからないのですが大丈夫でしょうか？
		A.	ご安心ください。 システム構築や運用の経験のない方や、専門知識をお持ちでない方も、サポート技術の専門家がご支援いたします。ご不明な点は何でもご相談ください。

> **5-4-2 ⓐ**

見つけやすさを
意識する

> **5-4-2 ⓑ**

ユーザーの立場で
丁寧に説明する

> 5-4-2　書き方の肝

a 見つけやすさを意識する

　Q&Aを大量に並べただけでは、使いやすいFAQとはいえません。**質問事項をカテゴリー別に分類する**など、ユーザーがほしい情報を素早く見つけ出せるような工夫が必要です。

Not good

> 質問と回答のみで、必要な情報を見つけにくい

質問	回答
ディスク容量がいっぱいになってしまいました。	不要なログデータが蓄積されている可能性があります。 ［設定］画面の［オプション］→「定期的に不要なログをクリアする」を チェックしてください。
現在使っている他のシステムからのデータ移行は可能ですか？	本システムのコンバートツールを使えば、基本的には可能です。 ただし、データ種別によってカスタマイズが必要な場合がありますので、移行作業の見積依頼を 送付いただければ、お客様の運用に適した移行プランをご提案いたします。
定期的なデータバックアップは可能ですか？	可能です。 お客様の運用に適したバックアップポリシーのもと、定期的なデータバックアップを実施します。
システム連携したらログインできなくなりました。	ほかで連携しているシステムでパスワードを変更すると、本システムにログインできない場合が ［設定］画面の［オプション］→「パスワード連携」を「ON」にしてください。
バージョンアップは有償ですか？	標準システムをご契約のお客様には、無償でご提供します。 カスタム契約のお客様、および試行版をご利用のお客様は、別途バックアップに費用が必要で

Good

分類	小分類		質問・回答
システム	トラブル	Q.	システム連携したらログインできなくなりました。
		A.	ほかで連携しているシステムでパスワードを変更すると、本システムにログインできない ［設定］画面の［オプション］→［パスワード連携］を［ON］にしてください。
		Q.	ディスク容量がいっぱいになってしまいました。
		A.	不要なログデータが蓄積されている可能性があります。 ［設定］画面の［オプション］→「定期的に不要なログをクリアする」を チェックして
	移行/試用	Q.	現在使っている他のシステムからのデータ移行は可能ですか。
		A.	本システムのコンバートツールを使えば、基本的には可能です。 ただし、データ種別によってカスタマイズが必要な場合がありますので、移行作業の見 送付いただければ、お客様の運用に適した移行プランをご提案いたします。
安全	バックアップ	Q.	定期的なデータバックアップは可能ですか？
		A.	可能です。 お客様の運用に適したバックアップポリシーのもと、定期的なデータバックアップを実施

カテゴリー別に分類してあり、
ほしい情報を探しやすい

FAQシステムではさらに使いやすさを追求

昨今、FAQをシステムとしてWebに公開するのが主流となっている。p.153のプラスアルファでも触れたが、Webでは、ユーザーがほしい情報をすぐに見つけ出せるよう、検索のしやすさを意識する必要がある。分類名で絞り込んだり、調べたいキーワードで検索できたりする仕組みを実装しよう。

［分類］で「システム」を抽出した例

項目［分類］の中から「システム」だけを絞り込んで表示

分類	▼	小分類	▼	質問	お役立ち度
システム		トラブル		システムが壊れてしまった場合はどうなりますか？	★★★☆☆
システム		移行/試用		現在使っている他のシステムからのデータ移行は可能ですか	★★☆☆☆
システム		移行/試用		評価版システムの用意はありますか？	★★☆☆☆
システム		トラブル		システム連携したらログインできなくなりました	★★★★☆
システム		開発		他社開発のシステムの改良をお願いできますか？	★★☆☆☆

［キーワード］に「ログイン」を入力し、検索した例

検索したいキーワードを入力して、検索ボタンをクリックする

ログイン	**キーワード検索**

分類	▼	小分類	▼	質問	お役立ち度
システム		トラブル		システム連携したらログインできなくなりました	★★★★☆
安全		セキュリティ		ログインのパスワードは定期的に変更する必要がありますか？	★★★★☆

ⓑ ユーザーの立場で丁寧に説明する

　FAQを頼りに問題を解決したいユーザーに対しては、専門知識がなくてもわかる文で説明することを心がけましょう。そのために、**質問の背景にある原因をわかりやすく、対処方法を具体的に伝えることが重要です。**

　また、FAQでは、ユーザーの質問に対して、その回答だけで問題解決できるように心がけます。別の管轄に連絡させたり、別の文書を参照させたり

する方法は、できるだけ避けましょう。

 Not good

質問・回答
Q. システム連携したらログインできなくなりました。
A. システム管理者にご連絡ください。 システム連携の詳細は、「付録A.3 他システムとの連携における注意」を参照してください。

別の連絡先の案内や文書を
参照させる方法は避ける

Good

質問・回答
Q. システム連携したらログインできなくなりました。
A. ほかで連携しているシステムでパスワードを変更すると、本システムにログインできない場合があります。 ［設定］画面の［オプション］→［パスワード連携］を［ON］にしてください。

対処方法を具体的に伝える

＋ プラスアルファ

さらに利便性を向上させるチャットボット

Web上のFAQシステムはますます進化し、一部ではチャットボットの導入も始まっている。チャットボットは、ロボットが、人間のようにユーザーと会話形式の受け答えを行う自動会話プログラム。ユーザーは、簡単に使えるチャットツールやチャット機能がアドオンされたブラウザなどを通じてサポート側とやりとりできる。

チャットボットは、使われて学習することで受け答えの能力を自ら向上させていくが、開発時に初期設定として組み込んでおくQ＆Aの文章の質は、その能力向上の効率に影響するもののひとつである。

本節を活用する読者の多くはチャットボット未導入の環境にいると思われるが、将来の導入を意識し、FAQを書くときは、一文一義、短文で、かみ合った会話形式の文章としておくことをおすすめしたい。

5 トラブルシューティング集

トラブルシューティング集には、ユーザーが困ると想定される事象について、解決する方法をまとめます。記述内容を読むだけでユーザーがトラブルを解決できるよう、具体的な対処方法を記述することが重要です。

> ## 5-5-1 テンプレート

※このテンプレートは、ユーザー向けWebサイトに掲載するためにWordで作り、管理するトラブルシューティング集の1記事として、作成したものです。

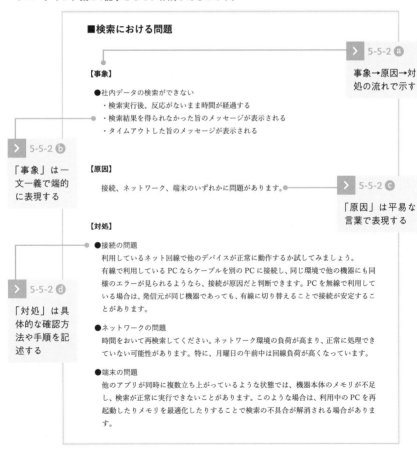

■検索における問題

> 5-5-2 ⓐ
事象→原因→対処の流れで示す

【事象】

●社内データの検索ができない
　・検索実行後、反応がないまま時間が経過する
　・検索結果を得られなかった旨のメッセージが表示される
　・タイムアウトした旨のメッセージが表示される

> 5-5-2 ⓑ
「事象」は一文一義で端的に表現する

【原因】

接続、ネットワーク、端末のいずれかに問題があります。

> 5-5-2 ⓒ
「原因」は平易な言葉で表現する

【対処】

> 5-5-2 ⓓ
「対処」は具体的な確認方法や手順を記述する

●接続の問題
利用しているネット回線で他のデバイスが正常に動作するか試してみましょう。有線で利用しているPCならケーブルを別のPCに接続し、同じ環境で他の機器にも同様のエラーが見られるようなら、接続が原因だと判断できます。PCを無線で利用している場合は、発信元が同じ機器であっても、有線に切り替えることで接続が安定することがあります。

●ネットワークの問題
時間をおいて再検索してください。ネットワーク環境の負荷が高まり、正常に処理できていない可能性があります。特に、月曜日の午前中は回線負荷が高くなっています。

●端末の問題
他のアプリが同時に複数立ち上がっているような状態では、機器本体のメモリが不足し、検索が正常に実行できないことがあります。このような場合は、利用中のPCを再起動したりメモリを最適化したりすることで検索の不具合が解消される場合があります。

5-5-2 書き方の肝

ⓐ 事象→原因→対処の流れで示す

トラブルシューティング集を利用するユーザーは、直面するトラブルに対する早急な対応策を求めています。**「どうすればいいのか」を的確に伝えることが大切です**。そのために、複雑な構成ではなく、シンプルな流れで必要な情報を伝える必要があります。

✚ プラスアルファ

ハイパーリンクの設定

原因に対して複数の対処方法がある場合などには、それぞれの対処方法にピンポイントでアクセスできるように、ハイパーリンクを設定しておくのがよい。特に、HTML や PDF などで文書を作っている場合は有効である。

原因や対処が複雑で文字量が多いと、知りたい情報にたどり着きにくく、早急な対応を妨げることになる。ハイパーリンクの設定は、原因から対処へワンクリック、最短距離でアクセスできるようにするための工夫なのである。

ⓑ「事象」は一文一義で端的に表現する

ユーザーが直面した問題そのものを一文で端的に記述します。詳細な情報があれば、以降、箇条書きなどで補足するとよいでしょう。開発者視点またはシステムの提供者目線で内部構造の誤りを書くのではなく、**ユーザーから見て「何が起きたか」を簡潔に書きましょう**。

👎 Not good

開発者やシステム提供者
の目線で書かれている

【事象】

ネットワーク負荷が高い時間帯に、社内データの検索に不具合が生じる。

Good ユーザーから見て「何が起きたか」を端的に記述する

【事象】

●社内データの検索ができない

　・検索実行後、反応がないまま時間が経過する

　・検索結果を得られなかった旨のメッセージが表示される

　・タイムアウトした旨のメッセージが表示される

「原因」は平易な言葉で表現する

　原因は、ユーザーにとって最も理解しにくい内容です。技術的な専門用語の使用を避け、簡潔でわかりやすい表現を心がけましょう。

 Not good 技術的な専門用語が使われており、わかりにくい

【原因】

物理的な接続不具合、時間帯による通信トラフィックの増大、あるいは端末における仮想メモリが不足していることが考えられます。

 Good 簡潔でわかりやすい表現を心がける

【原因】

接続、ネットワーク、端末のいずれかに問題があります。

「対処」は具体的な確認方法や手順を記述する

　ユーザーが対処を実行できるよう、確認方法や手順は、何をどうすればいいのかがわかるように、具体的に記述します。

　なお、問題への対処は、短期対策（応急処置）と長期対策（再発防止策）で分けて考える必要があります。しかし、複雑なトラブルは短時間で原因分析することは困難であり、原因が特定できても、すぐに復旧できないこともあります。**トラブルシューティング集では、根本的解決より、被害を最小限に抑えるための応急処置を優先させることが重要です。**

Not good

【対処】

> 具体的な確認方法がわからない

●接続の問題

ケーブルなどの接続に不具合がないか確認してください。

 Good

【対処】

> 具体的な確認方法
> や手順を示す

●接続の問題

利用しているネット回線で他のデバイスが正常に動作するか試してみましょう。

有線で利用しているPCならケーブルを別のPCに接続し、同じ環境で他の機器にも同様のエラーが見られるようなら、接続が原因だと判断できます。PCを無線で利用している場合は、発信元が同じ機器であっても、有線に切り替えることで接続が安定することがあります。

＋ プラスアルファ

ユーザーの状況を考慮した表現

ユーザーは、生じたトラブルを解決しようとトラブルシューティング集を読み始めた時点で、すでにストレスを感じている。この状況下で、不親切な記述により余計なストレスを加えることは避けたい。

注意すべきは、「正しい値を入力してください」のような、ユーザーに責任があると感じさせるだけの表現や、「サポート技術員に問い合わせてください」のような、その場で解決できず、たらい回しになるのではないかと思わせる表現だ。前者に関しては、たとえば、「全角・半角をシステムは区別して認識しますので確認してください」といった、推測される原因の示唆がほしい。後者に関しては、問い合わせフォームのURLや担当者のメールアドレスを提示して、「担当者から○営業日以内に折り返し連絡いたします」などということは書いておきたい。

読んだ人が少しでも「解決に向けて前進した」と思える記述を心がけよう。

6　要件定義書

要件定義書は、ユーザーの要求を整理し、それをどう実現していくかについて、実務に入る前に「見える化」し、ユーザーと開発陣で共有する文書です。技術的な内容が中心になりますが、専門的な知識のないユーザーに対してもわかりやすく、整然と説明することがポイントです。

> **5-6-1　テンプレート**

※このテンプレートは、PDF形式や印刷した状態にてユーザーおよび開発チームで共有することを想定し、作成したものです。

受発注書類管理システム開発
要件定義書

作成者	×××株式会社　システム開発部　○○○○
作成日	2021年9月1日
文書番号	xxxx-xxxx

1.　開発概要

本システムの開発概要として、背景、目的、目標を記す。

1.1　背景

　○○社の受発注書類管理が抱える非効率、性能劣化に対して、新たな機能を追加したシステムを開発・導入し、長年の課題を抜本的に解決する。

1.2　目的

　今回の開発によって、以下の課題／問題が解決される。

・システム導入により、業務を妨げる連携の不具合が解消される
・データの一元管理の実現により、業務効率が大幅に向上する

1.3　目標

　今回の開発によって、以下の改善／効率化を実現することを目標にする。

・エラー発生率を90%削減
・データ管理・保守工数の半減

> **5-6-2 ⓐ**
>
> 「開発概要」は開発の背景・目的・目標を示す

1

2. 業務要件

本システムの業務要件を、現状の業務と開発・導入後の業務とをフローで示す。

2.1 現状の業務フロー

発注は1件ずつ行い、過程で作成する書類は手作業で作成→メール送信が基本的な流れである。

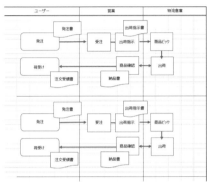

> 5-6-2 b

「業務要件」
は業務の流れ
を示す

2.2 開発・導入後の業務フロー

ユーザーの発注→営業の受注→倉庫からの出荷が、以下のような効率的な流れになる。

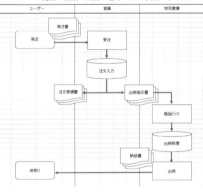

2

163

3. 機能要件

本システムの機能要件として、機能概要、画面例を示す。

3.1 機能概要

従来、発注〜出荷まで 1 件ずつ手作業で処理していたが、受発注に関する書類を自動生成、かつ複数件同時に処理できるようにする。また、受発注作業を平易にするために、操作性の高い画面を構築する。

3.2 画面例

■受注確認画面

［受注確認］は、以下のような画面構成となる。

> 5-6-2 c

「機能要件」はできるだけ図示する

4. 非機能要件

ユーザーの要望を満たす性能、運用・保守性（非機能要件）について説明する。

4.1 性能

・データ量の増減に影響されない処理速度を確保する

・データ入出力の待ち時間は 5 秒以内にする

4.2 運用・保守性

・障害復旧時は、障害発生時点とすべて同じ状態に戻す

・アクセス集中時にシステムがダウンしないようにする

> 5-6-2 d

「非機能要件」は機能の"裏側"を説明する

以上

> 　5-6-2　書き方の肝

ⓐ「開発概要」は開発の背景・目的・目標を示す

　今回の開発に至った背景、開発の目的と目標などを記載します。

　背景は、ユーザーが開発を希望した理由がストーリーとして存在しているはずなので、それを整理して、わかりやすく記述します。

　目的と目標は明確に書き分けましょう。目的は、今回の開発によって、どのような効果や結果を求めているかという内容です。目標は、それがどのような結果になったときに達成されたかを定義する指標です。また、**定量的なゴールを決めておくことで、関係者全員の認識にズレがないようにします。**

 Not good

目的と目標が混在。内容が
不明瞭になっている

　1.2　目的／目標

　システム導入により、業務を妨げる連携の不具合（エラー発生など）を抑えることができる。また、データを一元管理することで、管理・保守工数の削減を実現できる。

👍 Good

目的と目標を明確に書き分け、か
つ定量的な表現になっている

　1.2　目的

　今回の開発によって、以下の課題／問題が解決される。
・システム導入により、業務を妨げる連携の不具合が解消される
・データの一元管理の実現により、業務効率が大幅に向上する

　1.3　目標

　今回の開発によって、以下の改善／効率化を実現することを目標にする。
・エラー発生率を90％削減
・データ管理・保守工数の半減

ⓑ「業務要件」は業務の流れを示す

　開発概要に記述した目的・目標を達成するために、実際の業務はどうあるべきかを示します。**業務の流れを文書で書くと非常にわかりづらいため、業務フロー図を用いて「業務を視覚化」するのが理想的です。**

「現状の業務フロー」に対して「開発・導入後の業務フロー」を示せば、今回の開発のビフォー・アフターが明確になります。

2.2　開発・導入後の業務

長い文章での説明はわかりづらい

　　ユーザーが作成した発注書は、［発注システム］を通じて担当営業に送信される。担当営業は［受注システム］に注文内容を入力する。この際、「注文受領書」と「出荷指示書」が自動生成され、「出荷指示書」は、……

2.2　開発・導入後の業務フロー

　　ユーザーの発注→営業の受注→倉庫からの出荷が、以下のような効率的な流れになる。

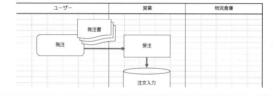

業務の流れが視覚化
されている

Ⓒ「機能要件」はできるだけ図示する

　　開発する機能がどのような情報を管理・処理するのか、画面の動きなどを説明します。データの種類や構造など、技術的・専門的な内容を記載することになりますが、**ユーザーにわかるように、正確さを損なわない範囲で、専門用語を用いず、平易なイメージとして伝わる表現にするよう心がけましょう。**

3.2　画面仕様
■受注確認画面

技術用語が多く、難解な
印象を与えている

・一覧表示機能（［並べ替え］ボタン・［検索］ボタン）
・グラフ生成機能（［グラフ生成］ボタン）
・集計機能（［集計］ボタン・［CSV出力］ボタン）

Good

3.2 画面例

■受注確認画面

[受注確認] は、以下のような画面構成となる。

画面例を配置し、機能がイメージしやすい

「非機能要件」は機能の"裏側"を説明する

機能要件が、「ユーザーの目に触れる機能」であるのに対し、非機能要件は、ユーザーが機能面以外に求める"開発するシステムの裏側"にある要件です。主に「可用性」「性能・拡張性」「運用・保守性」「移行性」「セキュリティ」「システム環境・エコロジー」に分類されます。開発する機能の特性に応じて項目を選択し、記載します。

 Not good

メリハリがなく要件がぼやけてしまう

4. 非機能要件

処理速度は……、セキュリティは……、データバックアップは……

 Good

機能特性に応じて分類、書き分ける

4. 非機能要件

ユーザーの要望を満たす性能、運用・保守性(非機能要件)について説明する。

4.1 性能
・データ量の増減に影響されない処理速度を確保する
・データ入出力の待ち時間は5秒以内にする

4.2 運用・保守性
・障害復旧時は、障害発生時点とすべて同じ状態に戻す
・アクセス集中時にシステムがダウンしないようにする

7 機能仕様書

機能仕様書は、開発に関わるITエンジニアに対して、開発する製品が備えるべき機能を決定事項として周知する目的の文書です。この場合の「機能」とは、ユーザーが見ることができ、かつ把握できる機能のことです。そうであるように示すことが、文書作成上のポイントです。

> 5-7-1 テンプレート

※このテンプレートは、PDF形式や印刷した状態にて開発チームで共有することを想定し、作成したものです。
※全体構成の一例を示すために目次を掲載していますが、本文は、開発する機能にかかわらず必須となる「1. 開発概要」「2. 機能説明」のみとしてあります。読者特典(p.2参照)の提供データも同様です。

統合管理システム開発 機能仕様書

作成者	×××株式会社　システム開発部　○○○○
作成日	2021年9月1日
文書番号	xxxx-xxxx

〈目次〉

1

---

1. 開発概要

今回の開発概要を以下にまとめる。

1.1 目的

顧客要求を踏まえ、開発の目的を以下に整理する。
- 業務効率向上を目指し、A機能を高品質で開発する
  - インシデント発生率5%以下を実現
  - 検証項目を追加し、障害に対する根本原因分析を実施
- 将来的な拡張性を見越し、B機能を低コストで開発する
  - OSS技術の有効活用

5-7-2 a
「開発概要」は開発の目的・方針・スケジュールなどを示す

1.2 方針

各機能の開発方針を以下に示す。
- A機能は、上流で検証を実施し、早期から品質を作り込む
- B機能は、新技術を取り込むため、技術調査の時間を確保する

1.3 スケジュール・体制

設計→開発→検証のスケジュール、開発体制は以下のとおり。
- スケジュール

	9月	10月	11月	12月	1月	2月	3月
A機能	<------設計------>		<------開発------>	(検証①)----	(検証②)------>	<---統合--->	リリース
B機能	<------設計------------>		<------開発------>	<------検証------>		<---統合--->リリース	

- 体制

```
          統合チーム
        ┌──────┴──────┐
   開発チーム        検証チーム
  ・Aプロジェクト   ・機能検証チーム
  ・Bプロジェクト   ・ユーザビリティチーム
```

2

2. 機能説明

今回開発する機能全体について、以下にまとめる。

> 5-7-2 b

「機能説明」は項目
を整理して示す

2.1 機能一覧

開発対象となる機能は、以下の2機能である。

・データ統合・出力機能
　インポートされたデータを統合し、PDFファイルに出力する。

・運用監視自動化機能
　イベント発生時に、重要度別にソートされたアラートを表示し、最適な処理方法を提示する。

2.2 各機能詳細

2.2.1 データ統合・出力機能

■機能
　インポートされたデータを統合し、PDFファイルに出力する。

■動作
　ユーザーは、［ファイル選択］画面から統合したいデータを選択し、［インポート］ボタンを選択する。
　［出力］メニューの［PDF出力］コマンドを選択すると、［ドキュメント］フォルダーにPDFファイルが格納される。

■ユーザーインターフェース
− ［インポート］ボタン
− ［出力］→［PDF出力］コマンド

2.2.2 運用監視自動化機能

■機能
　イベント発生時に、重要度別にソートされたイベントを表示し、最適な処理方法を提示する。

■動作
　イベント発生時に、画面左上のパトランプが点灯し、［イベント一覧］画面に、重要度が高いイベントから降順に表示する。
　ユーザーは、イベントを選択すると［詳細］画面が表示される。
　［処理］ボタンを選択すると、最適な対処方法と必要な作業フローが表示される。

■ユーザーインターフェース
− ［イベント一覧］画面
− ［詳細］画面
− ［処理］ボタン→対処方法が表示

3

> **5-7-2　書き方の肝**

ⓐ 「開発概要」は開発の目的・方針・スケジュールなどを示す

　開発において、**関係者間で合意形成された共通認識を「目的」「方針」「スケジュール」などの項目に分けて記述します。**

　ここで示した内容を軸に、以降、機能設計、開発、検証の工程に進んでいくことになります。

🗨 Not good

1. **開発概要**

記載項目が混在している

　ユーザー要求を踏まえ、A機能およびB機能を開発する。高品質、低コストで開発することを目的とし、A機能については早期の品質作り込み、B機能については新技術の取り込みを実現する方針である。……

👍 Good

1. **開発概要**

今回の開発概要を以下にまとめる。

各項目に書き分け、
整然と示している

1.1　目的
　ユーザー要求を踏まえ、開発の目的を以下に整理する。
・業務効率向上を目指し、A機能を高品質で開発する
　－ インシデント発生率5%以下を実現
　－ 検証項目を追加し、障害に対する根本原因分析を実施
・将来的な拡張性を見越し、B機能を低コストで開発する
　－ OSS技術の有効活用

1.2　方針
　各機能の開発方針を以下に示す。
・A機能は、上流で検証を実施し、早期から品質を作り込む
・B機能は、新技術を取り込むため、技術調査の時間を確保する

1.3　スケジュール・体制
　設計→開発→検証のスケジュール、開発体制は以下のとおり。

要件定義書と機能仕様書の書き方の違い

開発の「目的」は、前節の「要件定義書」と項目自体は同じである。また、「方針」も、ユーザーの要望によっては要件定義書にありうる項目だ。

要件定義書は、ユーザーが要望するシステム・機能を定義するものなので、あいまいな部分があっても問題ではない。つまり、実現可能かどうかすら未確定であってもよく、とにかくユーザーが「こうありたい」と考えるシステム・機能を定義する文書なのだ。

それに対して機能仕様書は、幅広いユーザー要件の中から、実現可能なものを特定したうえで、より具体的に、何を作るか、どのような機能を持たせるかを定義するものである。ただし、その機能を「どうやって作るのか」という詳細設計や実装についてまでは定義しない。

ⓑ「機能説明」は項目を整理して示す

開発対象となる機能を洗い出して、**記載項目を整理して示します**。

この機能は何ができるのか、ユーザー視点でどのような動きになるのかを記述します。また、機能ごとに入力・出力、画面、ボタン・メニューなどの説明を記述します。

👎 Not good

2.2　各機能詳細　　記載項目が混在している

　データ統合・出力機能は、インポートされたデータを統合し、PDFファイルに出力する。ユーザーは［ファイル選択］画面から統合したいデータを選択し、［インポート］ボタンを選択する。［出力］メニューの［PDF出力］コマンドを選択すると、［ドキュメント］フォルダーにPDFファイルが格納される。以上の機能・動作のためのユーザーインターフェースは……

👍 Good

2.2 各機能詳細

各項目に書き分け、
整然と示している

2.2.1 データ統合・出力機能

■機能

インポートされたデータを統合し、PDFファイルに出力する。

■動作

ユーザーは、［ファイル選択］画面から統合したいデータを選択し、［インポート］ボタンを選択する。

［出力］メニューの［PDF出力］コマンドを選択すると、［ドキュメント］フォルダーにPDFファイルが格納される。

■ユーザーインターフェース

－ ［インポート］ボタン

－ ［出力］→［PDF出力］コマンド

機能仕様書には、
プログラムの詳細などは書かず
「ユーザーから見える仕様」
を書くのね。

アジャイル開発における文書作成

　変化の激しいビジネス環境の中で、ITのプロダクトやサービスに対する要求の変化も激しさを増しています。要求の変化に追従する開発プロセスとして、アジャイル開発が浸透してきました。アジャイル開発の浸透は、同時に、エンジニアが作成する文書、とりわけ要件定義書以降の開発関連文書のあり方や作成する意義についての議論を呼び起こしました。

　アジャイル開発は、「イテレーション」とよばれる1週間から1か月間の反復期間を設け、その反復ごとに機能の追加を継続する「反復増加型」の開発プロセスによって実現されます。反復を重ねながら、機能が拡張していくイメージです。

「どんなドキュメントを作る？　作らない？」は開発プロジェクトによって異なる

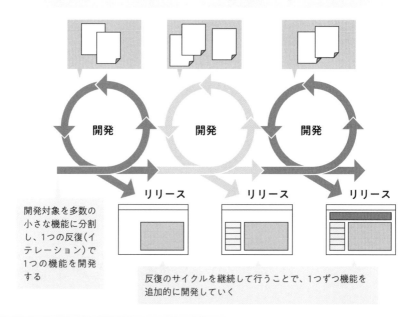

開発対象を多数の小さな機能に分割し、1つの反復（イテレーション）で1つの機能を開発する

反復のサイクルを継続して行うことで、1つずつ機能を追加的に開発していく

　アジャイル開発において、どのような文書（ドキュメント）をアウトプットする必要があるのかについては、画一化された考え方はなく、手法や実践事例も多様です。

　2001年に宣言された「アジャイル・ソフトウェア開発宣言」では、「包括的なドキュメントよりも動くソフトウェアを価値とする」と述べられています。それゆえに「アジャイル開発では文書は作らない」という考え方も少なからずあります。

　しかし、実際にはアジャイル開発でも文書は重要な役割を果たすと考えます。主に以下の目的が挙げられます。

・関係者同士のコミュニケーションを円滑にするため
・開発に関わる情報を誰もが理解しやすくするため
・開発の進捗状況を可視化するため

「アジャイルだから文書は不要」という杓子定規の考え方は、それこそ「アジャイル的な思考」に反しますから、開発プロジェクトの実態に合わせて「必要最低限の文書を適宜作成する」と考えるのが適切でしょう。

　なお、2021年3月に、政府CIOポータルの実践ガイドブックに「アジャイル開発実践ガイドブック」がラインナップされました。
https://cio.go.jp/sites/default/files/uploads/documents/Agile-kaihatsu-jissen-guide_20210330.pdf
このガイドブックの「4.1 全般的な事項」に、文書作成について言及があります。業務の参考資料として、おすすめします。

ビジネス文書作成に役立つ表現の資料集

1 | 接続語の使い方

接続語は、文と文や語句と語句の関係を示すための語です。その多くは接続詞ですが、「たとえば」のような副詞、「が」のような助詞、助詞「のみ」＋助動詞「なり」の未然形＋助動詞「ず」＝「のみならず」のような複数品詞もあります。

接続語は、前後の文どうし、語句どうしがどのような関係なのかに合わせて選び、使います。ここでは、接続語の機能と、使い方の留意点をまとめています。

> 接続語の機能

	機能	接続語
順接	原因・理由－帰結	そのため、そのために
		そこで
		その結果
		したがって、それゆえに、ゆえに
	条件－帰結	すると
		それなら
		それでは
理由述べ		なぜなら
		というのは
逆接		しかし、しかしながら
		けれども、が
		にもかかわらず
		ところが
		とはいえ

機能	接続語
言い換え・例示	つまり
	要するに
	すなわち
	たとえば
	いわば
並列・添加	そして
	それから
	そのうえ
	しかも
	さらに
	そればかりか、そればかりでなく
	のみならず
	および、ならびに
	かつ
補足	なお
	ただし
	もっとも
	ちなみに
選択	または
	それとも
	あるいは
	もしくは
対比	一方
	逆に、反対に
転換	ところで
	それでは
	さて
総括	以上のように
	このように
	こうして

● 順接　原因・理由−帰結

「そのため、そのために」

次には事実を表す文が続くことが多く、判断や依頼、意思を表す文が続くことは、あまりない。

👍 Good

昨日は案件が立て込んでいた。そのために報告書を仕上げることができなかった。（事実）

👎 Not good

現在、案件が立て込んでいる。そのために分担してほしい。（依頼）

「したがって、それゆえに、ゆえに」

前に理由、次に続く文は帰結として、書き手の判断を述べる場合などに使う。

例

サーバーのエラーが連続していた。したがって、メール不達の原因は、サーバーのトラブルだと考えられる。

● 理由述べ

「なぜなら」

理由を述べる接続詞である。次に続く文の文末は、「〜からだ」にする。

👍 Good

○○のプロジェクトには、Aさんを来週から投入する。なぜなら、人員が不足しており、納期が遅れる恐れがあるからだ。

Not good

〇〇のプロジェクトには、Aさんを来週から投入する。なぜなら、人員が不足しており、納期が遅れる。

● 逆接

「けれども、が」

前の文と続く文が相反することがら、対比的なことがらとして述べる場合に使われる。書き手の意思、判断などを続けることができる。

例

納期が1週間後に迫っており、各自、厳しい状況にある。けれども、達成できるように進めていくつもりだ。

「にもかかわらず」

あとに続くのは事実に限られ、書き手の意思、判断を続けることはできない。

Not good

納期が1週間後に迫っており、各自、厳しい状況にある。にもかかわらず、達成できるように進めたい。

Good

納期が1週間後に迫っており、各自、厳しい状況にある。にもかかわらず、急を要する障害が発生した。

● 言い換え・例示

「要するに」

前の文までで述べたことを要約するときに使う。

例

> セキュリティ確保には、システム、体制のほか、組織の各メンバーの意識と行動が重要だ。要するに複合的に取り組むことが求められる。

「すなわち」

補足説明のために別の言葉で言い換えるときに使う。後半が長くなる場合にも使われる。

例

> CIOとは、Chief Information Officerの略で、最高情報責任者をさす。すなわち、組織の情報システムを最適化する役割に加えて、組織や部門の枠を越えて組織全体を俯瞰し、経営の変革を推進する主導的役割を担う立場のことである。

● 並列・添加

「および、ならびに」

名詞の並列、添加の場合にだけ使う。3つ以上を列挙する場合は、「、」で区切り、最後に「および」や「ならびに」を付ける。

例

> ・プレゼンテーションソフト○○のスライドに挿入できるのは、テキスト、表、グラフ、画像、動画および音声ファイルです。
> ・役員ならびに事業部長の功績が称えられた。

「かつ」

主にものや人の性質や様子を同時に成り立つものとして、並列的に記述する場合に使う。

例

> ウイルス感染が疑われるときは、冷静かつ迅速に対応してください。

付録

2 | 混同しやすい同訓異字・同音異義語

同訓異字と同音異義語は、いずれも、読みは同じで意味が異なる2つ以上の単語のことです。文書作成時に、同訓異字・同音異義語のどれを使ったらよいのか迷うことがあります。それぞれの意味と違いを理解し、使い分けてください。

【あ】

読み	表記	意味	使用例
あける	明ける	明るくなる、終わる	夜が明ける
	空ける	中を空にする	領域を空ける、時間を空ける
	開ける	「閉じる」の対語	梱包を開ける
あげる	上げる	下から上へ移す、「下げる」の対語	評価を上げる
	揚げる	高く掲げる	札を揚げる
	挙げる	示す、残さず出す	一例を挙げる
	……(て)あげる	補助動詞	貸してあげる
あてる	宛てる	向ける	本社に宛てた書類
	当てる	物などをぶつける	ボールを当てる
	充てる	充当する	要員を充てる
あやまる	誤る	間違える	適用エディションを誤る
	謝る	謝罪する	不行き届きを謝る
あわせる	合わせる	一致させる	インターフェースを合わせる
	併せる	両立・並行させる、合併する	2つの原因を併せて考える

【い】

読み	表記	意味	使用例
いがい	以外	それをのぞくほかのもの	A以外を選択する
	意外	予想もしなかったこと	意外に大きい
いぎ	意義	意味、価値	意義のある仕事
	異義	違った意味	同音異義語
	異議	反対の意見	異議を申し立てる
	威儀	威厳のある動作・振る舞い	威儀を正す
いし	意思	何かをしようとする気持ち	経営の意思を決定する
	意志	はっきりした考え・意欲、成し遂げようとする心	意志を貫く
いどう	移動	位置が変わる	机を移動する
	異動	地位、職務が変わる	人事異動

【お】

読み	表記	意味	使用例
おさめる	納める	納入、納付	注文の品を納める
	収める	収拾、収容	目録に収める
	治める	安定、統治	領地を治める
	修める	(学業などの)修了	学問を修める

【か】

読み	表記	意味	使用例
かいてい	改定	制度や決まりを改める	ガイドラインを改定する
	改訂	書類・書物の一部を改める	マニュアルを改訂する
かいとう	回答	質問・要求に対する返事	アンケートの回答を出す
	解答	問題を解いて出した答え	試験問題の解答
かいほう	開放	門や戸を開け放す、自由に使わせる	ドアを開放する、校庭を開放する
	解放	束縛を解いて自由にする	人質を解放する

	代える	交代、代理、代用	書面をもって挨拶に代える
	換える	交換、転換	置き換える、書き換える
かえる	替える	あるものから別のものに替える	切り替える、差し替える
	変える	変化させる	観点を変える
かんしん	感心	感服	……に感心する
	関心	興味、注目	……に関心がある

【き】

読み	表記	意味	使用例
きせい	規制	制限する	交通を規制する
	規正	悪い点を正す	談合を規正する
	既成	すでに成り立っている	既成概念
	既製	製品としてすでにできあがっている	既製品
きてい	規定	個々のきまり、法律の条文	前項の規定、法律で規定する
	規程	関係する条項全体	運用に関する規程、取扱規程をまとめる
きてん	起点	始まるところ	Ａを起点に開始する
	基点	もととなるところ	Ａを基点に計測する
きょうどう	共同	二人以上で一緒に行う	共同開発、共同出資
	協同	力・心を合わせる	協同組合

【こ】

読み	表記	意味	使用例
こうい	好意	親愛感	彼に好意をもつ
	厚意	思いやり	厚意に感謝する
こうたい	交代	とって代わる	政権を交代する
	交替	繰り返し替わって行う	当直を交替する

読み	表記	意味	使用例
こえる	越える	時間・場所・点を通り過ぎる	山を越える、年を越える
	超える	数量・基準・限度を上回る	制限値を超える、100を超える値
こたえる	答える	返信する、返事をする	問題に答える
	応える	応じる、思いにかなう、裏切らない	要望に応える

【さ】

読み	表記	意味	使用例
さがす	探す	ほしいものを探す	資料を探す
	捜す	見失ったもの・人を捜す	落とし物を捜す

【し】

読み	表記	意味	使用例
しこう	思考	考え	思考がまとまる
	試行	試しに行う	試行錯誤
	志向	心がある方向・目標に向かう	ブランド志向
	指向	ある方向に向かう	オブジェクト指向
	施行	実施、法の効力発生	法律が施行される
しゅうしゅう	収拾	混乱を収める	事態の収拾
	収集	とり集める	情報の収集

【す】

読み	表記	意味	使用例
すすめる	進める	前進	開発効率化を進める
	勧める	勧誘、奨励	入会を勧める
	薦める	推薦、推挙	参考資料として薦める

【せ】

読み	表記	意味	使用例
せいさく	製作	機械や道具を使って実用品を作る	自動車部品の製作
	制作	美術品など芸術性のあるものを作る	陶器の制作
せんゆう	占有	自分の所有物にする	敷地を占有する
	専有	独占する（「共有」の対義語）	会議室を専有する

【た】

読み	表記	意味	使用例
たいしょう	対象	目標、相手	利用の対象を絞る
	対照	照らし合わせる	訳文を原文と対照する
	対称	向き合う、つり合う	左右対称に配置する
たいせい	体制	組織、仕組み	新しい開発体制
	体勢	体の構え	体勢をくずす
	態勢	状態	受け入れ態勢を整える
たいひ	退避	危険から逃れる、避難する	退避用バッファー
	待避	危険などが去るのを待つ	待避場所

【つ】

読み	表記	意味	使用例
ついきゅう	追及	責任などを突き詰める	責任を追及する
	追究	深く考えきわめる	真理を追究する
	追求	何かを得るために追い求める	高い品質を追求する
つくる	作る	比較的小規模なものや無形のものをつくる	プログラムを作る
	造る	比較的大規模なものをつくる	船を造る
つとめる	努める	努力する	解決に努める
	勤める	勤労する	会社に勤める
	務める	任務につく	司会を務める

【て】

読み	表記	意味	使用例
てきせい	適正	適当で正しい	適正な価格を設定する
	適性	適した性質	適性試験
てきよう	適用	法律や規則を当てはめる	設定を適用する
	摘要	要点を抜き書きする	論文の内容を摘要する

【と】

読み	表記	意味	使用例
どうし	同志	志が同じ者	同志を集める
	同士	同じ種類	パラメーター同士
とくちょう	特長	特に優れた点、長所	この製品の特長
	特徴	特に目立つ点	特徴のあるスタイル
とめる	止める	途中でやめる、やめさせる	手を止める
	停める	停止させる	自動車を停める
	留める	固定する	ポスターを壁に留める
とる	取る	取得する、得る、選ぶ　など	免許を取る
	採る	採用する、採取する	決を採る
	執る	執り行う	事務を執る
	捕る	とらえる	虫を捕る
	撮る	撮影する	写真を撮る

【な】

読み	表記	意味	使用例
ないぞう	内蔵	内部にもつ	カメラ内蔵
	内臓	体内の臓器	内臓の検査

【の】

読み	表記	意味	使用例
のばす	伸ばす	発展させる、伸長させる	市場占有率を伸ばす
	延ばす	延長する、延期する	提供時期を延ばす

【は】

読み	表記	意味	使用例
はいふ	配布	多くの人に広く配る	ビラを配布する
	配付	個々に配り渡す	問題用紙を配付する
はかる	図る	工夫する、意図する	解決を図る
	計る	数・時間をかぞえる	処理時間を計る
	測る	長さ・面積・速さを測定する	距離を測る
	量る	重さ・容量を計量する	容積を量る
	諮る	意見を聞く	審議会に諮る
	謀る	だます、計略をめぐらす	悪事を謀る
はじめ	始め	何かをしだしたとき	使い始めはトラブルが多い
	初め	時間的な初期	第二期の初め
はやい	早い	時間的に早い	他社よりも早い対応
	速い	速度が大きい	処理が速い

【ひ】

読み	表記	意味	使用例
ひょうき	表記	書き表した文字・記号	表記法について
	標記	目印として記した文字・記号、標題、件名	標記の件について

【ふ】

読み	表記	意味	使用例
ふへん	普遍	広く行きわたった、すべてに共通する	普遍的法則
	不偏	偏らない	不偏不党
	不変	変わらない	データの内容は不変である
ふよう	不用	使わない、役に立たない	不用になった品
	不要	いらない、必要ではない	不要な支出・不要不急

【へ】

読み	表記	意味	使用例
へいこう	平行	永遠に交わらない	議論が平行する
	並行	同時に行われる	並行して開発する
	平衡	つり合う	平衡感覚
へんい	変異	形質の変化・異変	生物の突然変異
	変移	移り変わり	レジスタの値が変移する
	変位	位置の変化	変位定数

【ほ】

読み	表記	意味	使用例
ほしょう	保障	権利や安全を守る	社会保障制度
	保証	請け負う、責任を負う	商品の保証期間
	補償	損害を償う	休業の補償

【も】

読み	表記	意味	使用例
もと	もと	本来、初めから	……はもとより
	下	影響が及ぶ範囲	システムの下で動作する
	元	何かをした張本人、始まり	作成元、元に戻す
	本	原因、根本	本を正す
	基	基準	その資料に基づいて

【よ】

読み	表記	意味	使用例
ようけん	用件	用向き	その用件で出張する
	要件	必要な条件	要件を満たす

日本語には、同じ音の
言葉がたくさんあるんだな。
間違えないように
気を付けなきゃ。

付録 3 | 注意したい敬意表現一覧

社外への文書やメールでは、特に気を付けたいのが敬意表現です。尊敬語と謙譲語の間違いや、よくある間違った敬意表現、ぎこちない敬意表現についてまとめました。

＞ 尊敬語

　目上の人や社外の人の動作や、関連する物事に対して、敬意を表現するときに使う。

	動詞	こなれた、正しい表現の例	間違いやぎこちない表現の例
「お(ご)〜になる」を動詞に付ける	聞く	お聞きになる	お聞きになられる
	食べる	お食べになる	お食べになられる
「ご〜なさる」を付ける	説明する	ご説明なさる	説明される
別の表現に置き換える	言う	おっしゃる	言われる
	いる、来る、行く	いらっしゃる	いられる、来られる、行かれる
	見る	ご覧になる	見られる
	食べる	召し上がる	お食べになられる

● 尊敬語と謙譲語の誤用

相手の動作に謙譲語を使っている間違いの例

> ×　当社ユーザーサポート担当に伺ってください
> （○　当社ユーザーサポート担当にお尋ねください）
> （○　当社ユーザーサポート担当にご質問ください）

> 謙譲語

　自分自身や自社側の人などについてへりくだった表現にすることで、間接的に相手に敬意を表す。

	動詞	こなれた、正しい 表現の例	間違いやぎこちない 表現の例
「お（ご）〜する」 を動詞に付ける	聞く	お聞きする	お聞きになる
	説明する	ご説明する	説明させていただく
別の表現に 置き換える	言う	申し上げる	言わせていただく
	行く	参る、伺う	行かせていただく
	見る	拝見する	見させていただく
	食べる	いただく	食べさせていただく
	知っている	存じ上げている	ご存知である
	与える	差し上げる	あげさせていただく

●気を付けたい表現

「さ入れ言葉」

　「〜（さ）せていただく」のなかで、不要な「さ」を入れている誤用。

「さ入れ言葉」を使っている間違いの例

　　　×　精一杯やらさせていただきます
　　　　（○　精一杯やらせていただきます）

　　　×　ご意見を聞かさせていただきます
　　　　（○　ご意見を聞かせていただきます）

目上の人や社外の人に使うと、失礼であったり、軽々しい印象を与えたりする表現があるので、要注意。

場面	目上の人・社外の人に対して	
	使わない表現	使う表現
労う	ご苦労様です	お疲れ様です
同意	了解しました	承知しました かしこまりました
感謝	すみません	ありがとうございます
謝罪	すみません	申し訳ありません
感心	なるほど	おっしゃるとおりです
同行	ご一緒します	お供いたします
理解	おわかりいただけましたか	ご理解いただけましたでしょうか
尋ねる	どうなさいますか	いかがいたしますか

●気を付けたい表現

「二重敬語」

「謙譲語と謙譲語」「尊敬語と尊敬語」のように、同じ種類の敬語を重ねた表現のこと。一部は誤用とされている。また、誤用でないものでも、仰々しい印象を与えることが多いので、特に丁寧な印象を読み手に与えたいときに限って使うなどの配慮が必要。

誤用とされる二重敬語の例

> ×　お客様がおっしゃられましたように
> （○　お客様がおっしゃいましたように）

丁寧な印象を与えたいときには許容される二重敬語の例

> ○　ご質問いたします。
> ○　ご覧いただけましたでしょうか。

誰を立てるか。敬語の使い分けのポイント

ビジネスの場面で尊敬語や謙譲語を使って人物を「立てて」述べようとするときは、次の点に留意する。

> 1. **自分側は立てない**
> 2. **相手側を立てる**
> 3. **第三者については，その人物や場面などを総合的に判断して，立てるほうがふさわしい場合は，立てる**

例

社外の人に、自分の上司について述べる場合：
　　部長の○○が申しますことに、

相手の会社について述べる場合：
　　御社の△△部長がおっしゃっているように、

直接の相手ではないが、立てるほうがふさわしい場合：
　　□□社の××部長がおっしゃるように、

社内の場合でも、相手の
役職や社風によって敬意表現の
程度は異なるから難しい。

4 話し言葉と書き言葉　対応表

ビジネス文書では書き言葉を使います。書き言葉ならば、正確かつ簡潔に情報を伝えることができます。ただし、メールやチャットでは、読み手や状況によっては話し言葉に近い表現が使われることがあります。

● 対応表

品詞	話し言葉	書き言葉
副詞	全然	全く
	とても	非常に、大変
	すごく	非常に、大変
	いつも	常に
	やっぱり	やはり
	いっぱい	数多く、たくさん
疑問詞	どうして	なぜ
接続詞	それで	そのため
	ですから、だから	そのため、したがいまして
接続助詞	～けれど	～が
	～から	～ため
	～たら	～ば、～と
その他	～とか	～や
	～みたい	～のよう

● 話し言葉表現と書き替え例

話し言葉		書き言葉
大丈夫	→	結構、よろしい、問題ない
〜してしまいまして	→	〜したため、〜を行い
〜はもちろん	→	〜はもとより
〜とは言っても	→	〜。しかし
〜と思いますし、	→	〜と考えます。さらに、
〜しちゃいました	→	〜してしまいました
〜しなきゃいけない	→	〜しなければならない
〜的には	→	〜としては
いろんな	→	様々な

●「ら」抜き言葉は使わない

書き言葉では、「ら抜き言葉」を使わない。

話し言葉		書き言葉
来れる	→	来られる
見れる	→	見られる
食べれる	→	食べられる

●「い」抜き言葉は使わない

書き言葉では、「い抜き言葉」を使わない。

話し言葉		書き言葉
知ってる	→	知っている
わかってる	→	わかっている

5 | 数値、略語、カタカナ語の表記ルール

文書内で使用する数値、略語、カタカナ語(外来語のカタカナ表記)については、表記揺れを防ぐために統一的な指針を策定することをおすすめします。ここでは、指針を策定する際に参考になる例、考え方を示します。

> ## 数値表記のルール

　IT関連のビジネス文書で記述する数字は、原則的には半角文字のアラビア数字を使用します。

> 数の数え方：1つ、2つ、3つ
> 日付の書き方：2021年12月1日

　注意が必要な数字の書き方を示します。
- 以下の場合は漢数字を使用する。
  数の概念が低い場合：一般用・一度・一式・十分
  概数を表す場合：十数倍・数百人
  慣用語の場合：一本化・二度手間・二者択一・第三者
- 経理、統計などの分野を除いて、「,」(コンマ)や空白などで数値の位取りはしない。ただし、大きな数字で読みにくい場合は、位取りのコンマ、あるいは「千」「万」「億」などの漢数字を入れて表す場合もある。
- 小数点以下の数値を記述する場合、「.」(ピリオド)を使用する。
  例：0.13
- 分数は、分母と分子を「/」(斜線)で区切る。
  例：1/2
- 月当たりの回数などを記述する場合は、「/」(斜線)を使用する。
  例：3回／月

・日付は、年月日の順に、漢字(年、月、日)、「.」(ピリオド)、または「/」(斜線)を使用する。

例1：2021年12月1日

例2：2021.12.01

例3：2021/12/01

ただし、正式な文書の場合には、「/」(斜線)または「.」(ピリオド)を使用せず、できるだけ漢字(年、月、日)で記述することをおすすめします。

なお、「/」(斜線)または「.」(ピリオド)を使用する場合は、西暦年は4桁、月および日は2桁で記述します。「20/12/1」や「'20.12.01」のように西暦年や日で桁数を省略するのは、誤解を生む恐れがあるためおすすめしません。

> ## 略語表記のルール

IT技術用語を扱う文書においては、製品名、機能名、概念説明などの表記が長いものが多々あります。英字でもカタカナ表記でも同様です。簡潔に表記するために、それらを略称で記述することは常套手段といえます。

しかし、その略称表記(略語)を、読み手の誰もが理解できるかどうかは検討が必要です。記述している側は、当然既知の略語だと思っていても、読み手が理解できないことがあります。当該用語が初出の場合は、正式名称を記したあとに、略語を併記しましょう。

例

・Super Network Management System(以降「SNMS」と略して表記します)とは～

・デジタルトランスフォーメーション(以降「DX」と表記します)とは～

ただし、社内文書などで、読み手が社内事情に精通し、文書内の略語の正式名称をすでに知っている場合は、その限りではありません。

外来語のカタカナ表記に関しては、従来からJIS Z 8301に長音符号の表記ルールなどが規定されており、国内の業界各社はこれに従ってきました。

一方で、一般社会生活における表記の拠り所を示すものとして、1991年6月に内閣告示第二号「外来語の表記」が定められました。新聞、放送などがいち早く準拠したのに加え、各種業界内でもこれを取り入れる動きが広がりました。さらに、一般財団法人テクニカルコミュニケーター協会では、内閣告示第二号「外来語の表記」に従った「外来語（カタカナ）表記ガイドライン第3版」を2015年9月に公開しています。

本書で示す表記ルールは、上記の指針、規定をベースにしたものであり、本書の読者が所属先で同様の指針、規約の策定を検討する際の参考情報として活用していただくものです。

ここでは、以下の6つの表記ルールを示します。

---

① 長音の表記
② アイウエオの大小表記
③ 英語の［v］音に対する表記
④ 英語の「ti」「di」および「de」に対する表記
⑤ 英語の「ia」を［iə］と発音する場合の表記
⑥ 英語の語頭の「re」「pre」に対する表記

---

①長音の表記

・語尾における長音符号付加

英語で表記した場合の、語尾の「-er」「-or」「-ar」「-y」は、原則として長音符号を用いて書き表します。

例

> コンピューター（computer）・オペレーター（operator）・
> カレンダー（calendar）・メモリー（memory）

・**[éi][óu] に対応する長音符号での表記**

　英語で表記した場合に、「ai」「a + 子音字 + e」「o」など、発音記号が、[éi]
[óu]（強勢アクセントのある二重母音）になる部分は、長音符号を用いて
表します。

例

> チェーン（chain）・アベレージ（average）・オーバー（over）

・**語尾の「-re」に長音符号は使わない**

　英語で表記した場合の語尾の「-re」には、原則として長音符号を用いず、
母音で表記します。

例

> ハードウェア（hardware）・ピュア（pure）

- **長音符号で表記するか否かの規定は複合語でも変わらない**

  複合語の場合は、構成する単語の表記をそのまま用います。

  例

  > ミラーサーバー（mirror server）・スペアキー（spare key）・
  > マンマシンインターフェース（man-machine interface）・
  > ユーザーライブラリー（user library）

②アイウエオの大小表記

- **「ウイ／ウィ」「ウエ／ウェ」「ウオ／ウォ」**

  「ウイ／ウィ」「ウエ／ウェ」「ウオ／ウォ」は、「ウイ」「ウエ」「ウオ」の表記を原則とします。

  例

  > ウイルス（virus）・ウエアラブル（wearable）・ウオッチ（watch）

  ただし、「-ware」の表記には、例外として「ウェア」をあてます。

  例

  > ソフトウェア（software）・ハードウェア（hardware）

- **「クア／クァ」「クイ／クィ」「クエ／クェ」「クオ／クォ」**

  「クア／クァ」「クイ／クィ」「クエ／クェ」「クオ／クォ」は、「クア」「クイ」「クエ」「クオ」の表記を原則とします。

  例

  > クイック（quick）・クオリティー（quality）

・「ファ／ファ」「フイ／フィ」「フエ／フェ」

「ファ／ファ」「フイ／フィ」「フエ／フェ」は、「ファ」「フィ」「フェ」の表記を原則とします。

例

> アルファベット (alphabet)・インターフェース (interface)・
> ファイル (file)・フィルター (filter)

・「fo」「pho」の表記は「フォ」をあてる

英語で表記した場合の「fo」「pho」は、「フォ」の表記を原則とします。

例

> インフォメーション (information)・テレフォン (telephone)・
> フォーム (form)・フォロー (follow)

③英語の［v］音に対する表記

英語で表記した場合の［v］音には「バ」「ビ」「ブ」「ベ」「ボ」をあてます。

例

> バージョン (version)・サービス (service)・
> ネガティブ (negative)・レベル (level)・ボリューム (volume)

④英語の 「ti」「di」 および 「de」 に対する表記

- **英語表記の「ti」には「チ」をあてる**

  英語で表記した場合の「ti」は、「チ」の表記を原則とします。

  例

  > オートマチック（automatic）・チケット（ticket）・
  > プラスチック（plastic）・マルチ（multi）

- **英語表記の「di」には「ディ」をあてる**

  英語で表記した場合の「di」は、「ディ」の表記を原則とします。

  例

  > エディター（editor）・オーディオ（audio）・
  > コーディネーター（coordinator）・コンディション（condition）

- **英語表記の「de」には「デ」をあてる**

  英語で表記した場合の「de」は、「デ」の表記を原則とします。

  例

  > アイデア（idea）・デザイン（design）・デバッグ（debug）・
  > デフォルト（default）

  ただし、以下の用語は例外として「de」を「ディ」「ド」と表記します。

  例

  > ディテール（detail）・サイド（side）

⑤英語の「ia」を［iə］と発音する場合の表記

英語での表記が「ia」で発音記号が［iə］の場合は、「（イ）ア」をあてる表記を原則とし、「イヤ」と表記する慣用を例外として認めます。

例

トライアル（trial）・バイアス（bias）・メディア（media）

例外

ダイヤモンド（diamond）・ダイヤル（dial）

⑥英語の語頭の「re」「pre」に対する表記

英語の語頭の「re」「pre」には、「リ」「プリ」をあてる表記を原則とし、例外として「レ」、「プレ」をあてる表記を認めます。

例

プリインストール（preinstall）・プリコンパイル（precompile）・
プリペイド（prepaid）・リサイクル（recycle）・
リジューム（resume）・リストア（restore）・リダイヤル（redial）

例外

プレオープン（preopen）・プレビュー（preview）・
プレフィックス（prefix）・レパートリー（repertory）・
レビュー（review）・レプリケーション（replication）

索引

著者紹介

髙橋 慈子(たかはし・しげこ)
1988年テクニカルコミュニケーションの専門会社、株式会社ハーティネス設立。同代表取締役。https://www.heartiness.co.jp
企業のマニュアル制作・運用のコンサルティングを提供。ビジネスライティングの研修を幅広く手がける。宣伝会議「文章力養成講座」講師。
情報処理学会ドキュメントコミュニケーション研究会運営委員。
慶應義塾大学、立教大学、大妻女子大学　非常勤講師。
著作:『技術者のためのテクニカルライティング入門講座』『ビジネスマンの新教養UXライティング』(翔泳社)
本書では、第1・2・4章、および巻末付録の執筆を担当。

藤原 琢也(ふじわら・たくや)
富士通株式会社。1992年入社以来、マニュアル・ヘルプなどのユーザードキュメント開発、文書技術教育、人間中心設計／UI設計、製品検証、オフショア開発推進などに従事。2018年から情報処理学会ドキュメントコミュニケーション研究会運営委員、2020年から同研究会幹事を担当。
2021年現在、インフラストラクチャシステム事業本部に所属し、顧客システムのDX化、プラットフォームソフトウェア／サービスの拡販活動中。
本書では、第3・5章、および巻末付録の執筆を担当。

STAFF

編集	株式会社エディポック／飯田明(株式会社インプレス)
執筆協力	テクニカルライター　八木重和
制作	株式会社D-TransPort
本文イラスト	上垣厚子
本文デザイン	髙橋明香(おかっぱ製作所)
表紙デザイン	奥冨佳津枝
副編集長	片元諭
編集長	玉巻秀雄

本書のご感想をぜひお寄せください

https://book.impress.co.jp/books/1120101035

読者登録サービス CLUB impress

アンケート回答者の中から、抽選で図書カード(1,000円分)
などを毎月プレゼント。
当選者の発表は賞品の発送をもって代えさせていただきます。
※プレゼントの賞品は変更になる場合があります。

■商品に関する問い合わせ先

このたびは弊社商品をご購入いただきありがとうございます。本書の内容などに関するお問い
合わせは、下記のURLまたはQRコードにある問い合わせフォームからお送りください。

https://book.impress.co.jp/info/

上記フォームがご利用頂けない場合のメールでの問い合わせ先
info@impress.co.jp

※お問い合わせの際は、書名、ISBN、お名前、お電話番号、メールアドレスに加えて、「該当する
ページ」と「具体的なご質問内容」「お使いの動作環境」を必ずご明記ください。なお、本書の範囲
を超えるご質問にはお答えできないのでご了承ください。

- 電話やFAXでのご質問には対応しておりません。また、封書でのお問い合わせは回答までに日数をい
  ただく場合があります。あらかじめご了承ください。
- インプレスブックスの本書情報ページ https://book.impress.co.jp/books/1120101035 では、本書
  のサポート情報や正誤表・訂正情報などを提供しています。あわせてご確認ください。
- 本書の奥付に記載されている初版発行日から5年が経過した場合、もしくは本書で紹介している製品や
  サービスについて提供会社によるサポートが終了した場合はご質問にお答えできない場合があります。

■落丁・乱丁本などの問い合わせ先

TEL 03-6837-5016 FAX 03-6837-5023
service@impress.co.jp
(受付時間／10:00〜12:00、13:00〜17:30土日祝祭日を除く)
※古書店で購入された商品はお取り替えできません。

■書店／販売会社からのご注文窓口

株式会社インプレス 受注センター
TEL 048-449-8040
FAX 048-449-8041
株式会社インプレス 出版営業部
TEL 03-6837-4635

速効メソッド
ITエンジニアのためのビジネス文書作成術

2021年7月21日 初版発行

著　者　髙橋慈子／藤原琢也

発行人　小川 亨

編集人　高橋隆志

発行所　株式会社インプレス
　　　　〒101-0051　東京都千代田区神田神保町一丁目105番地
　　　　ホームページ https://book.impress.co.jp/

印刷所　株式会社廣済堂

ISBN978-4-295-01045-6 C3055

Printed in Japan